原油暴落の謎を解く

岩瀬 昇

文春新書

1080

原油暴落の謎を解く

目次

第一章　原油大暴落の真相

波瀾万丈の2016年が明けた

短い年末年始の休暇が終わり、多くのサラリーマンが「仕事始め」を翌日に控えていた2016年1月3日、日曜日。中東からとんでもないニュースが飛び込んできた。イランとサウジアラビア（以下、サウジ）の国交断絶である。

前日2日に、死刑判決が確定していた47名の「テロリスト」を処刑したとサウジ政府が発表したところ、激昂したイラン人たちが首都テヘランを始め各地で抗議デモを起こし、サウジ政府の措置に強く反発した。処刑された「テロリスト」の中に、シーア派の宗教指導者ニムル師が含まれていたからだ。ニムル師は、2012年7月に逮捕され、2014年10月に反逆罪などの理由で死刑判決を受けていた。同じイスラム教の国でも、サウジではスンニ派が多数派を形成しており、イランではシーア派が主流だ。

一部のデモ隊は暴徒化し、在テヘランのサウジ大使館を襲撃して火を放った。東部の州都マシュハドでも領事館が襲われた。しかしロウハニ大統領率いるイラン政府は、ウィーン条約で規定されている大使館および領事館の保護防衛を行わなかった。イランでは、2月26日に予定されていた国会議員選挙の立候補予定者資格審査を、保守派が牛耳る護憲評議会が行っている最中でもあり、一般大衆の怒りを力で押さえつけることを躊躇したのだろう。

反対にサウジ政府の反応は早かった。テヘランの大使館襲撃を受けてジュベイル外相がイラン非難声明を発表する一方、在サウジのイラン大使を始めとする外交官たちに「48時間以内の国外退去」を命じたのだ。

こうして中東の二大国、サウジとイランとの間の国交が25年ぶりに再び途絶えることになった。

ペルシャ湾（サウジ側では「アラビア湾」と称しているが、ここでは便宜上「ペルシャ湾」と呼称する）を挟んで対峙するサウジとイランは、共に膨大な石油、天然ガスの埋蔵量をもつ中東の大国である。もし国交断絶がエスカレートして戦争になったら、たとえばペルシャ湾の入口・ホルムズ海峡が封鎖されたら、いったいどういうことになるのだろうか。現実的には、イランとオマーンの間に位置するホルムズ海峡が封鎖される心配はほとんどないと言っていいだろう。イランと友好関係を築きながらも独自の中立外交を保ってきたオマーンの了解をとりつけなければならないし、核開発による経済制裁解除を待っていたイランにとってもメリットがないためだ。だが、封鎖する構えをイランが見せるだけでも、原油輸送に影響が出たことは、過去にもあった。こうした不安が一瞬、人々の頭をよぎり、２０１４年夏以来、低迷を続けていた原油価格を、短時間押し上げた。

だが、両国が自国のメリット・デメリットを考えれば、戦火を交えることはあるまい。逆に

ＯＰＥＣ（石油輸出国機構）の主要メンバーである両大国が断交したことにより、ＯＰＥＣ全体として「減産」に合意するという、原油価格回復の唯一最良の方策をとる可能性が遠のいた。したがって、リバランス（需要と供給が均衡に向かうこと）まで、これまでの想定以上の時間がかかるのではないか、との観測が主流となり、原油価格はすぐに下落に転じた。

前年の２０１５年12月31日、アメリカの先物市場ＮＹＭＥＸ（New York Mercantile Exchange）上場のＷＴＩ（West Texas Intermediate）原油は１バレルあたり37ドル４セントで取引を終えた。サウジ・イラン国交断交翌日の１月４日は月曜日で、このＮＹＭＥＸでの新年初取引日にあたっていた。この日は、前年最終取引日の終値から28セント安の36ドル76セントで引けた。その後、ＷＴＩ原油価格は連日にわたって最安値を更新し続け、ついに１月15日には終値で30ドルを割り込んだ。29ドル42セントだった。

次章以降で詳しく説明するが、世界の原油価格の動静は、アメリカのＮＹＭＥＸで取引されているＷＴＩ原油価格の動きでほぼ把握できる。北海産のブレント原油や中東産のドバイ原油などの価格も、基本的にはＷＴＩ原油価格と連動して動くものだからである。したがってこの章では、ＷＴＩ原油価格を原油価格として記述する。

なお「石油」には「原油」も含む広義の意味と、「石油製品」を指す狭義の意味がある。原油を精製して得られる「石油製品」の「価格」は、基本的に「原油価格」に連動して動く。そ

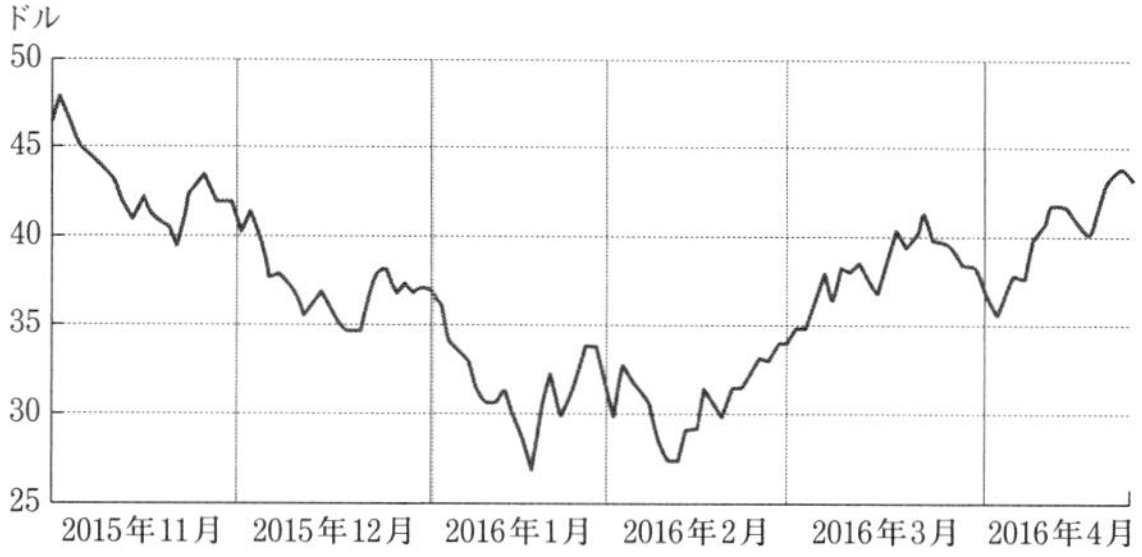

NYMEX における WTI 原油の価格変動

のため「石油価格」という場合には、「原油価格」と「石油製品価格」の両方を包含した広義の概念になる。極力、誤解を招かないように区別して記述するが、あらかじめご了解願いたい。

「20ドル」の呪文

アメリカの投資銀行ゴールドマン・サックス（以下、GS）は、２０１５年9月11日に価格予想の見直しを行っていた。このとき２０１６年のＷＴＩ原油の予想平均価格を、５月予想の57ドルから45ドルに下方修正した。夏場に価格が大幅下落したためだ。ＧＳはさらに、もし世界全体の原油生産が鈍化しなければ20ドルにまで下がる可能性がある、と付言した。ちなみに当該発表を行った9月11日のＮＹＭＥＸにおける実際のＷＴＩ原油の取引終値（以下、終値）は、44ドル63セントだった。

爾来、いつの間にか「20ドル」という呪文が、マーケットのあちらこちらで囁かれるようになった。10月には50ドルを越えることもあったが、少しでも弱気材料がマーケットを支配すると、トレーダーたちは胸の内で「そういえば、GSが20ドルになると言っていたよなぁ」と呟くのだった。

しかしそのGSは、年が明けた2016年1月15日には前説を翻し、1月中旬の価格暴落がこの年後半のシェールオイルの大減産を招いてリバランスが進行し、年末にはブルマーケット（強気市場）に転ずる、と言い始めた。

その後WTI原油価格は、イランに対する経済制裁が解除される可能性が高まった2016年1月15日に終値で30ドルを割り込んでからというもの、2015年9月のGSによる予想に端を発した呪文に導かれるように、20ドルへの坂道を下り続け、1月20日の取引時間中に26・19ドルの安値をつけ、終値も2003年以来の安値である26・55ドルで引けた。なお、2016年の終値最安値は4月末現在、2月11日につけた26・21ドルである。

想定外が重なって

WTI原油価格は、年末年始の37ドル程度から、1月20日には26ドル台にまで下落した。この3週間という短期間に原油価格が約3割も暴落したのは、市場が想定外の事態に不安を感じ、困惑し、一種のパニックに陥ったためだと筆者は考えている。

想定外の事態とは、「20ドル」の呪文が途切れることなく囁かれている中でのサウジとイランの断交であり、早すぎた対イラン経済制裁の解除であり、中国の需要減への恐怖感だ。

ここでひとつずつ分析してみよう。

新年早々のサウジとイランの断交により、ＯＰＥＣ全体としての減産合意の可能性は、当面の間ほぼなくなった。この結果、価格回復への道は閉ざされた。これがまず一つ目の想定外だった。

ＯＰＥＣが減産しないとしたら、価格回復への道は、地政学上のリスク暴発による供給阻害か、あるいは自然なリバランスしかない。だが供給量はさらに増えそうだし、逆に需要量はこれまでの予想以上に減りそうだ。

リバランスの実現は、時間がかかると感じられた。

また市場には、２０１５年９月に有力な投資銀行であるＧＳが示唆した「20ドル」への下落の可能性が「呪文」のように響いていた。ＷＴＩ価格が30ドル以上だった1月初旬にも、「20ドル」への下落もありうる、という不安感が市場の奥底に充満していたのは事実だ。まるで通奏低音のような役割を果たしていた。

そして、1月15日に30ドルを割り込んだ。30ドルを割り込んだのだから、さらに20ドルへの下落も十分にありうる。多くのトレーダーたちがそう感じていた。

そこに1月16日、対イラン経済制裁正式解除の報が流れた。

経済制裁が解除されればイランは増産し、輸出量が増加するということは、2015年夏に、米英ロ仏中の安保理常任理事国にドイツを加えた6カ国と、イランとの間で核開発制限に関する最終合意が得られた時点から、予測されていたことであった。だが、この1月16日の正式な経済制裁解除は、予測より2、3カ月ほど早かった。最終合意に達しても、イランがそれをきちんと履行するかどうかに疑念が持たれていたが、IAEA（国際原子力機関）は、この16日までにイラン側が最終合意を守って核開発を大幅に制限したと確認。これを受けたEU、アメリカが経済制裁を解除すると発表したのだ。これが二つ目の「想定外」だった。

このタイミングの早さに市場は反応した。価格はさらに下落するに違いない。供給過剰が予測より早いスピードで進むと判断したのだ。リバランスはさらに遠のいた。

このような状況の中で、もっとも大きな影響をもたらしたのは、情報開示が不十分なため、発表する公式統計データですら眉につばをつけて見る人が多い中国の、今後の石油需要の動向を巡ってのものだ。

中国のGDP7%割れ

上海株式市場が大激動を繰り返している中、中国国家統計局は1月19日、「2015年のG

DP（国内総生産）成長率は6・9％だった」と発表した。イラン経済制裁解除発表の3日後にあたる。これは前年の7・3％を下回り、25年ぶりの低水準だった。

「7％を割ったのは大変だ、いや本当はもっと低いぞ」と金融市場は色めき立った。

金融市場の動揺を見て、原油市場も慌てた。

中国の景気悪化は石油の需要減をもたらし、ひいては世界全体の石油需要減につながるのではないかとの疑心暗鬼を呼び起こしたのだ。

中国が失速したら世界経済は沈没する、リーマンショック大不況の再来だ、大不況が来たら中国のみならず世界の石油需要は減少するのではないか——。

世界の石油需要が減少したら、原油価格は当面上がるはずはない。産油国の経済は大打撃を受けることになる。

産油国だけではない。他の資源国も同じだ。世界的な資源価格の低迷は、資源国の国家財政に打撃を与えている。資源国は財政赤字をカバーするために海外資産、特に換金が容易な株式市場から資金を引き上げている。株は上がらないぞ、というわけだ。不安が不安をあおり、世界の株式市場は連鎖反応を起こして下落した。

このようにいくつかの要因が重なって、WTI原油価格は2016年新年の約37ドルから、1月20日には26ドル台にまで下落した。この3週間は、原油市場と金融市場がみごとに連動して、相乗効果を発揮して共に下落した時期だったのだ。

だが、これらはすべて、冷静さを失ったために起こった一種のパニック症状だった。

資源を「爆買い」した中国

1980年代半ば以来、長らく低迷していた原油価格が急上昇を始めたのは、2000年代に入って中国が資源を「爆買い」し始めてからだ。正確にいえば、石油をはじめ鉄鉱石や銅鉱石、レアメタルなど資源の買収に乗り出してきたのだ。

ちなみにWTI原油の年間平均価格の推移を見ると、次のようになっている。

2001年	25・93ドル
2002年	26・16ドル
2003年	31・07ドル
2004年	41・49ドル
2005年	56・59ドル
2006年	66・02ドル
2007年	72・20ドル

2008年　100・06ドル

＊数値はイギリスを本拠とするスーパーメジャーBPが60年以上にわたり発表している統計集による。以下、最新版を「BP統計集2015」とする。

他の資源については深く研究していないので石油に限って説明するが、2000年代に入って、中国は常識をぶち壊す買い方を始めた。

それまでの石油業界の常識では、買収価格を算定する際、過去の実績平均原油価格を前提に用いて経済計算を行い、生産油田などの資産や、それらの資産を持つ会社の評価を行い、これら対象案件の買収提案価格を作成するのが普通だった。だが中国は、先物市場の将来価格を前提に用いて評価する方法を導入したのだ。

原油価格が上昇基調に入っている時は、ほぼ「先高」（受渡しが目前のものより将来のものの方が高い状態。「コンタンゴ」という）なため、過去の平均価格より将来価格の方が高くなるのは理の当然だったので、入札などで競争となれば中国にかなうものはいないことになった。

中国がこのような買い方をした象徴的な出来事は、米スーパーメジャーのシェブロンが、米中堅のユノカルを買収した時のことだ。

ユノカルは中国から近いインドネシアやタイに優良な資産を持っており、中国にとっては非常に魅力のある買収対象だった。

原油価格が急激に上昇しているさなかの2005年、シェブロンが167億ドルでユノカルを買収することで基本合意をしていたところに、突然、中国海洋石油総公司（China National Offshore Oil Company 以下、CNOOC）が、185億ドルを提案して、業界を驚かせた。シェブロンとユノカルの合意価格より10％以上も高い。

最終的に米議会の介入があり、CNOOCが買収を断念したのだが、なぜあのような高値が払えるのかと、業界は色めき立った。唯一、考えられる理由が、前述した前提価格の置き方なのである。

このエピソードに先立つ2002年、中国勢がインドネシアで、生産案件および開発案件を含む複数鉱区をまとめて米デボン（買収額2億1600万ドル）から、続いてスペインのレプソル（買収額5億8500万ドル）から購入しているのだが、これが一連の爆買いの前哨戦だったのかもしれない。

また、2005年にアンゴラ沖合の二つの生産案件にファームイン（権益の一部を取得して参入すること）した際には、20億ドルの紐付きインフラ融資に加え、12億ドルにものぼるサインボーナス（調印時一時金）を支払っており、その大胆さは業界を驚かせた。

その他にも2005年にエクアドルでカナダのエンカナから生産案件5鉱区を14億2000

万ドルで買い、２００６年にはナイジェリアの地元石油会社から開発案件を22億６８００万ドルで買取っている。

さほどのプレミアムを要さない探鉱案件については、２００３年から２００７年にかけて、アルジェリア、ガボン、ケニア、赤道ギニア、チャド、ナイジェリア、ナイジェリアとサントメ・プリンシペの共同開発地域、ニジェールおよびマダガスカルで合計16案件も手に入れている。

こうして中国は世界中から石油資産を買い集めた。

資源および諸原料、機械設備などを輸入し、「世界の工場」として安価な人件費で機能してきた中国は、２００８年のリーマンショックをも乗り切り、確かに世界経済の原動力だった。

その中国が減速するかもしれないというのだ。もし本当に減速したら、世界経済は一体全体どうなってしまうのだろう。

中国の需要は本当に減るのか

中国は第12次５カ年計画の最終年に当たる２０１５年も「７％成長」を目標としていた。だが、国家統計局は「６・９％」しか成長しなかった、と発表した。これは、中国の石油需要がこれから減少することを意味しているのだろうか。

冷静に考えてみると、「7%成長」が10年間続くと経済規模が2倍になる。2004年から2014年にかけてGDPを約4倍に成長させた中国が、未来永劫、このような勢いで進むはずはない。

2015年の成長率が7%を下回ったこと、また2016年から始まる第13次5カ年計画で「小康社会の全面的完成」に向け、「年平均6・5%以上の経済成長維持」を目標にしていることは、共産党独裁の下、社会主義市場経済を推進している中国もまた、輸出に依存した二次産業型経済システムから、国内需要に依拠した三次産業型経済システムへの移行時期にあるといえるのではないだろうか。

またPM2・5に代表される環境汚染問題は、国是である共産党一党独裁体制そのものへの不信、反感、ひいては反政府運動を呼び起こしかねない。一次エネルギーの60%以上を石炭に頼っている現在のエネルギー供給構造の改革は必至だ。

中国としては、原子力および再生可能エネルギーに注力しつつ、化石燃料の中では石炭の消費量を抑え、石油、天然ガスを増やす方向にあることは間違いがない。

さらに石油の国家備蓄増強も100日分を目標に動き出していると伝えられる。中国の消費量は、米国に次ぐ世界第2位の1100万B/D（バレル／日）程度だから、100日分では約11億バレルになる。日本の石油国家備蓄量の3倍弱だ。

ＩＥＡ（International Energy Agency 国際エネルギー機関）が毎月発行しているオイルマーケット・レポートの２０１６年４月月報（以下、「ＩＥＡ２０１６年４月月報」）によれば、中国の石油消費量は、

２０１４年　１０６４万Ｂ／Ｄ
２０１５年　１１３１万Ｂ／Ｄ
２０１６年　１１６５万Ｂ／Ｄ

と見込まれている。それぞれ６・３０％、３・０１％の増加だ。

一方、ＯＰＥＣが毎月発行しているマンスリー・オイルマーケット・レポートの２０１６年４月月報（以下、「ＯＰＥＣ２０１６年４月月報」）の見込みは次のとおりだ。

２０１５年　１０８３万Ｂ／Ｄ
２０１６年　１１１３万Ｂ／Ｄ

２０１６年は前年より２・７７％増だ。

原油輸入量も、２０１４年の６１９万Ｂ／Ｄから、２０１５年６６７万Ｂ／Ｄへと７・８％伸びている（「ＯＰＥＣ統計集２０１５」および「ＯＰＥＣ２０１６年2月月報」）。

このような実態を考えると、中国の石油需要が短期的にも中長期的にも、対前年比でマイナス、つまり需要量減少に陥る可能性はきわめて低いだろう。

なお本書が、原油や広義の石油の生産量、消費量、輸出量など需給に関する過去の実績、あるいは将来の予測などで依拠しているのは、ＢＰ統計集に加え、ＩＥＡやＯＰＥＣ、あるいは米国エネルギー省傘下のエネルギー情報局（Energy Information Agency 以下、米ＥＩＡ）が発表している諸報告である。

毎年、年初に発表される「ＢＰエネルギー長期展望」の２０１６年版（以下、「ＢＰ長期展望」）は、２０３５年までを展望したものだが、それによると、中国は２０３２年にはアメリカを抜いて世界最大の液体燃料（広義の石油およびバイオ燃料などを含む）の消費国になり、石油の消費量は２０１４年から２０３５年までに63％増加するという。国内における原油生産は同期間５％減少するので、輸入依存度は２０１４年の59％から76％に増加すると見込まれている。

では、具体的な数字がどうなるかを「ＢＰ統計集２０１５」で見てみると、中国の２０１４年度の石油消費量は１１０６万Ｂ／Ｄ、国内原油生産量が４２５万Ｂ／Ｄだから、それを基に計算すると、２０３５年の消費量は63％増えて１８０３万Ｂ／Ｄとなり、生産量は５％減少して

404万B／Dとなる予測だ。したがって計算上は、2035年の石油輸入量は1399万B／Dとなると見込まれている。

このように、中国の石油需要は増加基調にあるので、これから持続的に減少していくリスクは小さいと思われる。

にもかかわらず金融市場にまん延する「中国不安病」が、他の漠とした弱気要因と重なり合って原油価格を押し下げる主因となったのだろうが、市場が冷静になれば落ち着くと筆者は判断している。

では、他の弱気要因とはどういうものがあるのか。ひとつずつ分析してみよう。

OPECのシェールつぶし？

前述した1月大暴落の背景にある要因、すなわちサウジとイランの断交、対イラン経済制裁解除、そして中国の需要減への不安以外の重要な弱気要因として、まずはシェールオイルの動向を挙げる必要があろう。思った以上にコスト競争力があるので、大減産は期待できない、したがって価格上昇は見込めないと判断したトレーダーが多かったというわけだ。

なお、シェールオイルの技術革新および生産性向上については第五章で詳しく記すので、そちらを参照してもらいたい。

サウジを事実上のリーダーとするＯＰＥＣは、２０１４年11月27日の第１６６回総会で、３０００万Ｂ／Ｄの生産上限を維持することを決定した。この年の夏をピークに下落を始めていた原油価格は、「生産上限維持」の決定によってさらに大暴落した。

この決定をめぐって一部では「シェールつぶし」がサウジの狙いだ、と報じられた。いや、サウジとアメリカが手を組んで、ロシアとイランを弱らせるために仕組んだのだ、という陰謀説すら流れた。

実態はサウジの当時の石油相ナイミの発言で明らかだ。彼は、「いまＯＰＥＣとして生産量を削減することは、非効率な原油に、効率の良い我々の原油が、市場シェアを明け渡すことになる。そんな理不尽なことはしない」と発言した。ナイミ石油相の念頭には「非効率な原油」として、開発が困難で、コストがかかるメキシコ湾の深海（大陸棚より深いところ）や北極海、あるいはブラジル沖のプレソルト（岩塩層下）からの原油に加え、価格が高騰する中で生産量が急増しているシェールオイルもあったと思われる。

この発言を聞いた多くの人々は、将来のことはさておき、現在生産しているシェールオイルにのみ関心を寄せ、「シェールオイル業者を廃業に追い込むことを目指しているのだ」と受け止めたのだろう。サウジの意図は当面のところ、価格よりもシェアを維持することにあると、ナイミ石油相の発言で明らかになっているのにもかかわらず、である。石油に関わる何かが起こると、どうもこうした陰謀説にメディアの論調が流れるのは、我々のエネルギーリテラシーに問題があるのだろうか。

２０１４年10月半ばに80ドルを割り込んだ原油価格は、ＯＰＥＣの「減産拒否」により、12月は60ドル台を割込み、２０１５年１月には40ドル台へと落ち込んだ。

シェールオイルの「強靭性」

将来の生産動向の重要な指針のひとつに「掘削リグ」の稼働数というものがある。地中あるいは海底深くまで掘削を行うために必要な設備で、どのくらい稼働しているかで将来の石油・ガスの生産動向が読み取れるというものだ。

シェールオイル事業にも使われている米国陸上の「掘削リグ」稼働数は、２０１４年10月の１６０９基をピークに２０１５年１月末には１２２３基にまで落ち込んだ。約25％の落ち込みである。

だが２０１５年１月の段階で、シェールオイルの価格も連動して動くＷＴＩ原油価格が、40ドル台にまで落ち込んでいる。「掘削リグ」の稼働数が落ちれば生産量が減るというのが通常考えられるケースで、生産量が減れば価格が上がるのは経済的合理性に合致している。それなのにＷＴＩ原油価格が下がっているのは、どうしてだろうか？

確かに、「掘削リグ」を使用して掘削を行い、完了してから「仕上げ」といわれる作業、シェールオイルの場合は水圧破砕などの作業を行ってから生産が始まるので、「掘削リグ」の稼働とシェールオイルの生産開始時期に若干のタイムラグが生じるのは事実だ。

だが、2014年10月から毎月のように「掘削リグ」の稼働数は減少しているのに価格が落ち込むというのは、シェールオイルの生産が落ちていないからではないか。では、なぜ生産量は落ち込まないのか？

実はこの頃から、シェールオイルの「強靭性（Resilience）」が語られるようになった。「強靭性」とは、復元力がある、回復能力が強い、あるいは抵抗力がある、といった意味だ。

かつてはシェールオイルの生産コストはバレルあたり60～80ドルだと言われていたが、どうも違うぞ、というわけだ。もっと抵抗力が強いらしい。使用する資機材や人件費などのコスト削減のみならず、技術革新が進んでおり、生産コストはもっと安くなっているようだ。

1998年に始まった「シェール革命」は、当初は「シェールガス革命」として始まった。もっぱらシェール層という硬い岩盤の中に閉じ込められているガスを生産するためのものだった。

だが、ガス価格が低迷する一方、原油価格が高騰していたため、2000年代半ばからシェール業者は、シェールガスで培った水圧破砕法と水平掘削法をシェール層からの原油（シェールオイル）生産にも応用するようになった。

原油はガスよりも比重が重いため、「在来型」と呼ばれる従来からの伝統的な石油開発でも、ガスと比べると地中からの回収率が低く、単位あたりの生産コストが高いのだが、高騰していた価格がシェールオイル生産を可能にした（ちなみにシェールオイル、シェールガスやカナダのオイルサンドなどは、生産方法が「在来型」とは異なるので「非在来型」と呼ばれている）。

だが、歴史の浅い「非在来型」のシェールオイルの生産実態について、百戦錬磨のトレーダーたちも限られた知見しか持ち合わせていなかった。「在来型」の石油開発からの類推でしか理解していなかったのだ。

40ドル台でも耐えられる？

原油価格が40ドル台でもシェールオイルの生産量が増えるということは、生産コストは40～60ドルくらいなのだろうか。いや、先物相場を利用してヘッジをしているに違いないから、目先の価格が40ドル台でも耐えられるのではなかろうか。あるいは、生産効率の良いところ（業界用語で「スイートスポット」という）を選んで生産しているから耐えられるのであって、残るのは生産効率が悪いところになるから、いずれ生産量は下がるに違いない。

市場の見方はまちまちだった。

春が来てアメリカのドライブシーズンが始まる2015年第2四半期（4〜6月）には、WTI原油価格は60ドル近くまで回復した。この時期、人々はシェールオイルの動向に関心を失ったように見えた。

だが、7月に入って原油価格が50ドルを割り込み、下旬に再び40ドル台に下落し、8月下旬に数日間40ドル割れを記録すると、やはりシェールオイルが供給過剰の一因ではないか、という見方が静かに人々の心の中に広がった。さらに、シェールオイルの生産コストはやはり40ドル前後ではないのか、だから原油価格はさらに下がるのではないか、という不安感が広がった。

その頃にGSの「20ドル」の呪文が唱えられた。

現実はどうだったのか。

アメリカのシェールオイルの生産量は、2015年3月、4月の560万B/Dをピークに5月から減少に転じており、2016年4月には70万B/D減少の490万B/D程度となっている。

もし価格が低位安定のまま推移するならば、2016年のシェールオイルの生産量はさらに減少するだろう、と見られている。

ただし、2015年は在来型の石油開発であるメキシコ湾の深海からの新規油田の生産開始が相次ぎ、アメリカ全体の原油生産量は、前年の871万B/Dから8%増えて943万B/Dになっていたので、シェールオイルの減産が目立たなかったのだ（数字は米EIAによる）。

つまり、シェールオイルが依然として増産を続けているから、2015年末から2016年にかけての価格下落に大きな影響をもたらした、というわけではなかったのである。

ロシアの懐事情

次に、ロシアの原油生産が与える影響はどうだろうか。

ロシアの原油生産量は1991年のソ連崩壊以降、政治混乱およびハイパーインフレの影響で激減した。ソ連時代の1988年には1137万B/Dを記録したが、10年後の1998年には606万B/Dにまで落ち込んでしまった。98年はロシアのみの生産量だが、88年の生産量にはアゼルバイジャンやカザフスタンなどの旧ソ連邦が入っているので、約4割の落ち込みとみていいだろう。

2000年代に入ってからは欧米の先進技術の導入により増産に転じ、2007年には、旧ソ連のうちロシアだけで1000万B/Dを回復、以来、漸増し、今日を迎えている。2014年の生産量は1068万B/Dで、2015年には1085B/Dと見込まれている。ちなみにアゼルバイジャン、カザフスタンなどを含む旧ソ連構成国全体の2015年の生産量合計は約1370万B/Dである（「OPEC2016年4月月報」）。

ロシアの石油会社の収益は、奇妙なことに2014年末以降に原油価格が暴落した後も順調である。もちろんコスト削減の努力もしているが、輸出代金がドル建てであるのに対して、費用は現地産資機材および人件費がルーブル建てであるため、安定した収益をあげている。さらにプーチン現政権下の石油業界優遇策の一つとして、輸出税一部免除の恩恵を受けていることも一つの要因であろう。原油価格50ドルを前提に国家予算を作成しているロシア政府は、2016年4月下旬、世界最大の天然ガス企業であるガスプロムを含む8大国営会社に、「利益の50%を配当すること」を法制化したほどである。

だが、ロシア原油生産の中心である西シベリアの諸油田は老朽化しており、これ以上の増産余地は少ないと思われる。

2016年1月になって、ロシアがサウジなどに「1月生産実績での原油生産の据置(Freeze)」を持ちかけた背景には、ロシアがすでに「余剰生産能力」を喪失していることがあるのではないだろうか。

「余剰生産能力(Spare Production Capacity)」とは、米EIAの定義によれば「30日以内に増産可能で、90日間以上維持できる能力」となっており、一方、国際エネルギー機関IEA(OECD加盟の34カ国からなる)の定義では、「3カ月以内に増産可能で、当分の間維持できる生産能力」となっている。いずれにせよ、何らかの理由で原油供給が阻害された時に、緊急で追加供給ができる能力である。

老朽化している西シベリア油田

油田が老朽化するとはどういうことか、少々専門的な話になるが説明しておこう。

従来からの「在来型」の石油開発の場合、地下の貯留層には、上からガス、原油、水と比重の軽い順番に溜まっている。より深い場所にある根源岩を含む地層で生成された原油や天然ガスは、顕微鏡で見られるよりも小さな孔隙を抜け、長い年月をかけて上方に移動してくる。そして貯留層の中で、軽いものは重いものより上に、つまりガスが原油より上に、より地上に近いところに溜まるのだ。

原油を生産する場合、最初は貯留層内のガス圧を利用して汲み上げる。生産が進み、貯留層内の原油の量が減ってくると、ガス圧の減少に加え、原油の下にある水が混じって一緒に汲み上げられるようになる。これを「水が付く」という。生産がピークを越えた証拠である。生産された原油の中に含まれる水の量の変化は、その油層から回収できる残量の重要なバロメーターなのだ。

余談だが、筆者が石油開発会社に勤務しているとき、会社ロゴを刷新したことがある。青色をベースにした最終デザイン案を見たある石油技術者は、「青色は嫌だな」と漏らした。「水が付く」ことを想起させ、石油開発会社としては縁起が悪い、というわけだ。

話を戻そう。

老朽化している西シベリアの諸油田では、水の含有量が90％を越えるところも少なくない。100リットル汲み出して、その中に含まれる原油の量は10リットルにすぎず、残りの90リットルは水、というわけだ。これはつまり、さらに回収できる残量が極端に少なくなっていることを意味している。

弊著『石油の「埋蔵量」は誰が決めるのか？──エネルギー情報学入門』（文春新書）で詳しく説明したが、地下に存在する原油の埋蔵量から地上に回収できるのはせいぜい20～40％である。したがって、回収率を1％でも上げることができれば、そのプロジェクトの経済性は格段に上がることになる。西側諸国の石油会社は、この回収率向上策でもさまざまな方法を研究し、実用化している。

間掘り（Infill Drilling）や水平掘削（Horizontal Drilling）に加え、ガス圧入（Gas Injection）や水圧法（Water Flooding）などの二次回収法を含む増進回収法（Enhanced Oil Recovery）も利用されている。

間掘りは、既存の坑井と坑井の間を掘ることであり、水平掘削はシェール層の掘削で有名になった手法である。またガス圧入や水圧法は読んで字のごとく、貯留層にガスや水を注入し、圧力を高めることにより原油生産を容易にする方法である。

ロシアは、中国向けの販売量の増加や、船積前25日前払い条件（通常は船積後30日目の支払い。なお「船積前25日前払い」にしているのは、EUのロシア経済制裁として「30日間以上のファイナンス禁止条項」があるため）で販売するなど、生産を維持する目的で必死に販売し、生産量は少しずつだが順調に増加してきていた。

これまた専門的な話になるが、「在来型」の生産油田というものは、たとえば販売が不調だからといって生産を中断すると、貯留層内のガス圧が下がって回収率が悪化したり、最悪の場合は生産再開ができなくなることがある。これは経済制裁解除後のイランの増産、輸出量増加にも関連している。つまり政治的な要因によるものでなければ、費用をかけても生産を継続することが、最大の経済効果を生む性質をもっているものなのである。

だが、ウクライナ問題を巡る欧米からの経済制裁の結果、ロシアの石油会社は欧米諸国の石油会社の先進的な技術や資機材の導入が困難になっている。したがって、既存油田のメンテナンス作業の精度が下がっている上、二次回収の成功率も落ちていると考えられ、現在以上の生産量の増加は容易ではない状態になっている。

さらに、欧米の大手国際石油との合弁で推進しようとしていたシェールオイルの開発や、深海あるいは北極海の開発も、ロシアの現在の技術水準では独自に推進することは不可能なので、将来の石油生産量にも重く暗い影を落としているのである。

つまり、ロシアの原油生産は当分の間、これ以上急激に増える可能性は少ないといえる。これで原油価格暴落の要因として、ロシア原油の生産量が増えたから、という可能性は消えることになる。

経済制裁のくびきから放たれたイラン

では次に、イランの問題を考えてみよう。

2015年夏に米英ロなど6カ国と合意した経済制裁解除の条件は、端的に言えばイランが当分の間、核兵器を保有することを不可能にするための方策であった。たとえば濃縮ウランの国外への移送、遠心分離機の3分の2以上削減、あるいはプルトニウム抽出可能な重水炉の解体などを義務づけており、IAEAが厳密に核関連施設を査察することにより、イラン側がこの条件を満たしているかを確認することになっていた。

この経済制裁は、イランの核兵器開発疑惑に関する一連の国連決議に基づくものであるが、日本を含むEUなど各国はほぼ同じ時期に制定されたアメリカの「イラン包括制裁法（Comprehensive Iran Sanctions, Accountability, and Divestment Act, CISADA）」に呼応する形で、原油や石油製品の取引禁止、および石油・ガス産業への投資禁止なども取り決めていた。「イラン包括制裁法」はアメリカの国内法であるが、米国内で事業を行っている外国企業に対しても制裁措置をとれることになっている。各国は、事前にアメリカ政府とすりあわせながら、それぞれ独自に国としての禁止措置を決定していた。イランが国連決議による制裁解除の条件を満たせば、原油や石油製品の取引および石油・ガス産業への投資禁止等も解除されることになっていた。

国連決議に基づく経済制裁解除条件がイランによって達成されるのは2016年春ごろだろうと見られていたが、早くも1月16日には正式に条件が整ったと確認され、制裁が解除された。これにより、イランは自由に原油を輸出することができるようになった。予想以上に制裁解除が早かった上に、価格が下落しているさなかであったため、いつから、どのくらいの輸出量が増加するのか、供給過剰が加速するのではないか、と市場は身構えた。

イランは2012年からの原油輸出原則禁止という経済制裁下においても、それまで大口需要家であったアジアの4カ国――日本、韓国、中国、インド向けには条件付きではあるが、原油の輸出が認められていた。数量は4カ国合計で100万～120万B/D程度であり、「イラン包括制裁法」によりドル決済が不可能であることに加え、代金はイランが自由に使えないように、それぞれの中央銀行に特別口座を開設し、その国の通貨で払い込む必要があった。特別口座に溜まった原油代金は、欧米諸国が認める医薬品や食料品など、人道上必要と考えられる物品の輸入代金の決済にしか使用できないことになっていた。

ちなみに経済制裁が付される前の輸出量は220万～250万B/Dだったので、約100万B/Dの輸出が失われていたことになる。なお、国内需要は約200万B/Dであり、制裁前の生産量は約430万B/D、制裁中は約350万B/Dだった。

このような状況下、制裁が解除された後、どのくらいのスピードでどこまで生産が回復するのか、ということが当面の焦点となった。

1月16日に正式に経済制裁が解除された直後、イラン側は「すぐに50万B/D、続いてさらに50万B/Dの増産、輸出増を図る」と発言した。だが、「老朽化している西シベリア油田」でも触れたように、一度休止した油井からの生産再開は技術的に容易ではなく、徐々に、かつ休止前の半分程度しか生産再開による増産はできないだろうと、多くの専門家は見ている。

また、アメリカの「イラン包括制裁法」はまだ効力があるので、原油代金決済に米ドルが使用できない、という問題が残っている。さらに、イランのカーグ島ターミナルに原油を積み出しに向かうオイル・タンカーの保険が、アメリカの保険会社が再保険を引き受けられないので十分にカバーできず、原油を輸送するタンカーが不十分だという問題も残っており、制裁解除後のイラン原油の輸出増も3月の実績ベースでは、20万～30万B/Dに留まっている。

制裁を受けていた約4年の間に入金した原油代金のうち、どれだけの金額が未使用なのかは不明だが、一説には500億～1000億ドル程度は貯まっていると言われている。この資金の一部が、原油の増産のために使用されるであろう。

ＩＥＡが２０１５年12月に発表した世界の２０１６年石油需給見通しでは、イラン原油については２０１６年３月ごろに制裁が解除され、徐々に生産が増加し、６月には60万B／Dの増産となり、以降は横ばい、とみていた。おそらくこの絵が少々前倒しになるというのが可能性の高いシナリオだろう。

アメリカの規制のゆくえ

だが、中長期的にはイランの経済制裁解除は大きな影響を与える可能性がある。イランの石油・ガス産業に外国資本の投資が可能となるからだ。

前述したとおり、石油・ガス産業への投資禁止は、原油輸出原則禁止と同様、アメリカ国内法である「イラン包括制裁法」に呼応し、ＥＵ諸国や日本などが個別に禁止措置としていたイラン締め付け策である。アメリカは「イラン包括制裁法」の手続きの問題もあり、正式に解除されるまでには早くても１年ほどの時間が必要と見られているが、ＥＵや日本はすみやかに解除した。アメリカの大手石油会社も出遅れないように、在ヨーロッパなどの傘下企業名義で正式解除前にイラン側と協議を開始するだろうとみられている。

なお詳細は省くが、国際石油開発帝石が２０１０年にアザデガン・プロジェクトから完全撤退したのも、日本政府の投資禁止措置に基づいたものである。

イランは原油の埋蔵量が世界4位の1578億バレル、天然ガスの埋蔵量が世界1位の1201兆立方フィートを持つ大資源国である(「BP統計集2015」)。だが自国の資金力と技術力では、これらの豊富な資源を開発から生産に導くことができず、いわば宝の持ち腐れ状態にある。

核疑惑を巡る国連としての経済制裁は、前述したように当分の間イランが核兵器を保有できないようにすることに限られていた。

だが1979年以来、断交状態にあるアメリカは、イランをあらゆる角度から押さえ込むことを望んでいた。

イラン・イスラム革命の際に大使館を占拠され、52人の外交官とその家族を人質に取られ、解放まで444日間を要した苦い経験を持つアメリカには、根深い反イラン感情が存在している。1984年には「テロ支援国家」にイランを指定し、現在もシリア、スーダンと並んで指定は解除されていない。1996年には「イラン・リビア制裁法(Iran and Libya Sanctions Act of 1996)」を制定し、米国企業のイランとの貿易および投資を禁止ないし制限した。

日本を含む第三国にも同様の措置を取るよう強く求めてきた。2002年には、北朝鮮、イラクと共に「悪の枢軸」と名指しして敵対意識をむき出しにした。そして制定された2010

年の「イラン包括制裁法」は、96年制定の「イラン・リビア制裁法」の後継法とでもいえる内容のものだった。

「イラン包括制裁法」は2016年内に見直しの時期を迎えるが、その時にアメリカがこれまでの方針を変更するかどうか、筆者は注目している。これまでのアメリカの意図は、イランの目先の原油収入を抑えることも重要だが、中長期的に石油・天然ガス産業の発展を押さえ込むことにあったと考えているからだ。

共和党は制裁を緩めることに反対しているため、2016年12月の大統領選で共和党候補が勝利すると、イランが完全に国際社会に復帰できるのもさらに遅れることになろう。

石油は神の所有物

では一方のイランはなぜ経済制裁が強まる前に外資を導入し、開発・生産に着手しなかったのか、という疑問を読者のみなさんはお持ちになるだろう。これは多くの石油・天然ガス埋蔵量を持つ産油国が一様に抱えている問題でもある。

筆者が考えるに、一種の資源ナショナリズムが邪魔をしているからである。

現代では多くの国が、石油・天然ガスの所有権は国家にあると規定している。そしてほとんどの国が国営石油会社を設立し、彼らに開発生産を任せている。

だが、これら産油国の国営石油会社がすべて先進的な技術に通じているわけでも、また必要な初期投資を賄える財務能力を持っているわけでもない。だから手付かずの分野が多いのが実態だ。その結果、大切な石油や天然ガスという「宝物」は地上に汲み出されることなく、地下に死蔵されているのだ。

しかし、だからといってこの「宝物」を、技術や資金供与の見返りとして他国に渡したくはないという心理が働いているのである。

詳細は省くが、1960年のOPECの創設から1970年代の2度のオイルショックを通じて、多くの産油国が、それまで大手国際石油会社の所有であった石油資産を国有化し、今日を迎えている歴史は、そのまま資源ナショナリズム進行の歴史であるといえる。

経済制裁が強まる前のイランは、1995年以来、「バイバック方式」と呼ばれる契約形態で外資の導入を図ろうとしていた。だが、何回かの改定を経ても外資にとって魅力的とは言い難い契約内容で、外資の本格的参入はいっさい実現していなかった。

ネックになったのは、たとえば、①契約期間が数年程度と短いこと、②探鉱、開発段階が終了して生産段階に移行すると、オペレータ（操業責任者）はNIOC（イラン国営石油会社）に変更となり、外資は関与できず、外資が受け取る報酬の対象となる生産がどのように行われるのかはNIOC次第となってしまうこと、③全ての条件、たとえば投下資本額、金利、投下資本に対する一定比率の報酬額などは、すべて契約締結時に確定させるため、いかなる理由であろうとコストが超過した場合はすべて外資の負担となる、などであった。

また、④発見した埋蔵量を自らの資産とみなせる、という欧米外資がもっとも望む条項は入っていなかった。

さらに、ハイリスク・ハイリターンを前提とした通常の石油開発事業にみられる、⑤油価上昇や計画以上の生産増などによる経済性改善の可能性（Upside Potential）は含まれていない。

このようにイランの「バイバック方式」の契約条件は、一般的な石油開発事業で採用されているコンセッション契約（利権契約）やＰＳＣ（Production Sharing Contract 生産物分与契約）と比べると、参入する側にとって極めて魅力の少ないものなのである。

イランのエネルギー省は、地下に眠る大量の石油・天然ガス資源を地上に汲み出し、現実の果実とするためには、外資の参入は不可欠と認識している。だが、憲法には、①石油・天然ガスはイラン国民のみならず、神の所有物である、②イラン政府が公共の利益のために役立てる、③外国人に探鉱権を付与することを禁ずる、と記されている。

このような憲法との整合性を失うことなく、どうしたら外国勢を引き込める契約形態にできるかが大きな課題であった。

賢いイラン人テクノクラートたちは検討の結果、２０１５年11月に新しいＩＰＣ（Iranian

Petroleum Contract イラン石油契約）の概要を発表するに至った。詳細は２０１６年2月にロンドンで発表するとアナウンスされたが、本原稿を執筆中の２０１６年4月段階では具体化していないようだ。

２０１５年11月段階で明らかになったＩＰＣの概要は次のとおりであった。

・イラン企業とのＪＶ（ジョイント・ベンチャー）方式とする。
・ＪＶを通じて外資が関与する期間を20年とする。条件によりさらに5年の延長も可能。
・外資が埋蔵量を資産として計上することが可能な契約形態とする。
・投下する費用の完全回収を可能にする。
・生産量が計画より増加した場合、契約者が利益を得られるようにする。

契約条件確定にはまだまだ紆余曲折があると思われるが、欧州勢を中心に石油会社は総じてイランの石油ガス産業への参入には前向きで、制裁解除への道筋を定めた「包括的共同行動計画」が最終合意された２０１５年夏以来、何度となくイラン側と接触している。イランからの働きかけも活発で、制裁解除後の２０１６年1月28日にはフランスを訪問したロウハニ大統領が、仏トタールと原油販売契約（15万〜20万B/D）を締結しているが、仏トタールのイラン石油ガス開発事業への本格参入の強い意思がなければ、これほど早くは進展しなかっただろう。

世界で積み上がっている膨大な「在庫」

これまで見てきたように、アメリカのシェールオイル、ロシアの石油ガス事業といった供給サイドの要因を見る限り、更なる過剰供給を生み出す可能性は低い。だが、実は最大の問題が残っている。それは、２０１４年夏以来2年にわたる供給過剰の結果、世界中で積み上がっている在庫の問題である。

毎年2月中旬、ロンドンで石油協会（The Institute of Petroleum 以下、ＩＰ）の各種会合が開催されてきた。その1週間は、石油ガス業界の企業や機関が主催する数多くのコンフェランス、レクチャー、パーティなどが開かれ、世界中から業界の関係者が一堂に集結する期間となっており、「ＩＰウィーク」と呼ばれている。

海軍大臣チャーチルが英海軍の燃料を石炭から石油に切り替えたのが１９１２年、供給の安定確保のためにアングロ・ペルシア石油（現在のＢＰ）の株式の過半数を買い取ったのが１９１４年という状況で、ＩＰは１９１３年に設立された。石油の科学的研究の発展、増進および調査を目指して設立された１００年以上の歴史を持つ業界団体である。

２００３年、時代の趨勢とともに、石油・ガスのみならず原子力や再生可能エネルギーなどもカバーするために、エネルギー協会（The Institute of Energy 以下、ＩＥ）と合併して、新生「エネルギー協会」として新しい歴史を刻み始めているが、ＩＰウィークは、Internatinal Petroleum Week として、引き続き世界中の石油・ガス業界の関係者が集う機会となっている。

２０１６年2月中旬、ＩＰウィークに集まった大勢の聴衆の前で、ＢＰのボブ・ダドリー社長は「このままいけば、今年後半には世界中の石油タンクとスイミングプールが原油で満たされることになろう」と冗談混じりで語ったが、生産され、行き場を失った原油は、あちこちで在庫として積み上がっているのだ。

２０１４年11月27日、ＯＰＥＣ総会が「３０００万B/Dの生産上限維持」を決議し、減産を拒否したために原油価格が大暴落した当時、世界は１００万～２００万B/Dの石油供給過剰状態にある、と言われていた。価格が下がったことにより、世界の石油需要は２０１５年には、「ＯＰＥＣ4月月報」では１５４万B/D、「ＩＥＡ4月月報」では１８０万B/D増加したが、供給量も同じ程度に増加したため、２０１６年初めの段階でも依然として１００万～２００万B/Dの供給過剰状態が続いている、とされている。

１００万～２００万B/Dの過剰が1年間続くと、合計で3億６５００万～7億３０００万バレルが在庫として積み上がったことになる。

日本の石油消費量はおおよそ４００万B/Dだから、年間総需要は14億６０００万バレルほどだ。つまり、2015年1年間に供給過剰で在庫として積み上がった分は、日本全体の1年間の需要量の4分の1から半分ほどにあたる。これほど大量の原油が世界中に「在庫」として積み上がっている計算になる。

もちろん、原油として「在庫」になっているものもあるが、精製され「石油製品」として「在庫」増になっているものもある。

アメリカの商業用原油在庫は2016年4月29日現在、約5億4339万バレルと、世界大恐慌（1929～33年）の影響で積み上がった1930年代の在庫量に迫る水準となっており、石油業界関係者を驚かせている。なお、アメリカには戦略石油備蓄（Strategic Petroleum Reserve）が別途7億バレルほどある。

「IEA2016年4月月報」によると、OECD全加盟34カ国の2016年2月末の商業用石油在庫量は、30億6040万バレルとなっており、過去3年間の平均より3億8700万バレルほど高い水準になっている。内訳を見ると、原油が1億2301万バレル、石油製品が1億8203万バレルほどである。

これらの在庫は「将来、必ず供給される」と業界関係者は考えており、目の前の生産量と消費量のバランスだけを見ていてはわからない価格下押し要因の一つとなっている。

投機筋のしわざか？

２０１６年1月の暴落を、金融機関が資金を先物市場から引き上げたからだ、と評する論者もいるが、これは見当はずれの議論である。

彼らはこう言う。

リーマンショック後の金融緩和政策により、主要先進国ではほぼゼロ金利となっていたため、余剰資金が先物市場に流れ込んでいた。ところが２０１４年末以来、石油のみならずあらゆる資源価格が暴落したため、資源国が資金を海外の株式、債券市場から引き上げ始めた。またアメリカの利上げがスケジュールに上ってきたこともあり、金融機関が先物市場から資金を引き上げ始めた。これら市場からの資金の引き上げが先物価格下落の主因になっている、と一部評論家は観測しているのだ。

先物市場を少しでも知っている人ならば、これが如何に根拠のない論であるかはすぐにわかるであろう。

先物市場にまったく縁のない人でも、もし少しでも興味があったら、ある一日のＮＹＭＥＸの取引量を見ていただければ、市場がますます活況を呈していることがわかる。世界全体の原油生産量は約９０００万B/Dなのだが、代表的な先物市場であるＮＹＭＥＸでもＩＣＥ（Intercontinental Exchange）でも、２０１６年1月以降も連日、10億バレル程度の取引が行われている。また17億バレルほどになっているOpen Interestと呼ばれる未決済取引残高も減る気配はない。

金融筋が資金を引き上げている気配はどこにも感じられないのだ。

少し詳しく説明してみよう。

このOpen Interestについて、米ＥＩＡが２０１６年2月9日に興味深いレポートを発表している。"What drives crude oil prices?"（何が原油価格を動かしているのか）というタイトルのものだ。

ＯＰＥＣやアメリカ、ロシアなどの非ＯＰＥＣ産油国の生産動向やＯＥＣＤ、中国、インドなどの非ＯＥＣＤ諸国の需要動向などに加え、"Financial Markets"（金融市場）と題して、石油の生産や消費に直接関係のない先物市場参加者の動向についても分析している。

世界最大の原油先物取引量を誇るＮＹＭＥＸのＷＴＩ原油の取引量は、１９８3年の上場後、またたくまに世界原油総生産量とほぼ同量の取引高となり、１９９０年代後半には数倍の数億バレル、ここ数年は10倍以上の10億バレル程度で推移している。取引量も大事だが、それよりもOpen Interestの推移を紹介している"Financial Markets"報告の中にある「未決済取引残高の推移」というグラフを見て欲しい。

これはＮＹＭＥＸにおける毎日の取引終了時のOpen Interestの数値をグラフ化したもので

ある。

Open Interestとは、日本語で「建玉」と呼ばれる未決済取引残高のことである（以下、未決済取引残高）。

未決済取引残高は、まさに一日の取引を終了した段階でまだ決済をしていない（未決済）、つまりは売り残していたり、買い残していたりしている取引残高である。したがって、いつかは反対取引をして、売りと買いの数量を合わせ、取引最終日までに金銭で精算をする必要がある。

厳密には、取引量のごくわずか、たとえば約10億バレルの取引量に対して数十万バレル程度、すなわち0・1％以下の数量なら「売り越し」あるいは「買い越し」のままで、現物の原油を受け渡しすることも可能だ。だが、ほとんどの取引が精算されている。

このように未決済取引残高があると、いつかは反対取引をするので、先物市場の取引を円滑にするための流動性（Liquidity）を保証するものだといえる。売りたい人が出てきた時に買い手となり、逆に買いたい人が出てきた時には売り手となりうるものだ。

未決済取引残高が大きいか小さいかは、先物市場の健全性を計る非常に重要な指標だ。

さて、このグラフを見れば一目瞭然だが、未決済取引残高は、数億バレルだった2000年以降、リーマンショックによる世界不況の折に落ち込みを見せているが、基調としては右肩上

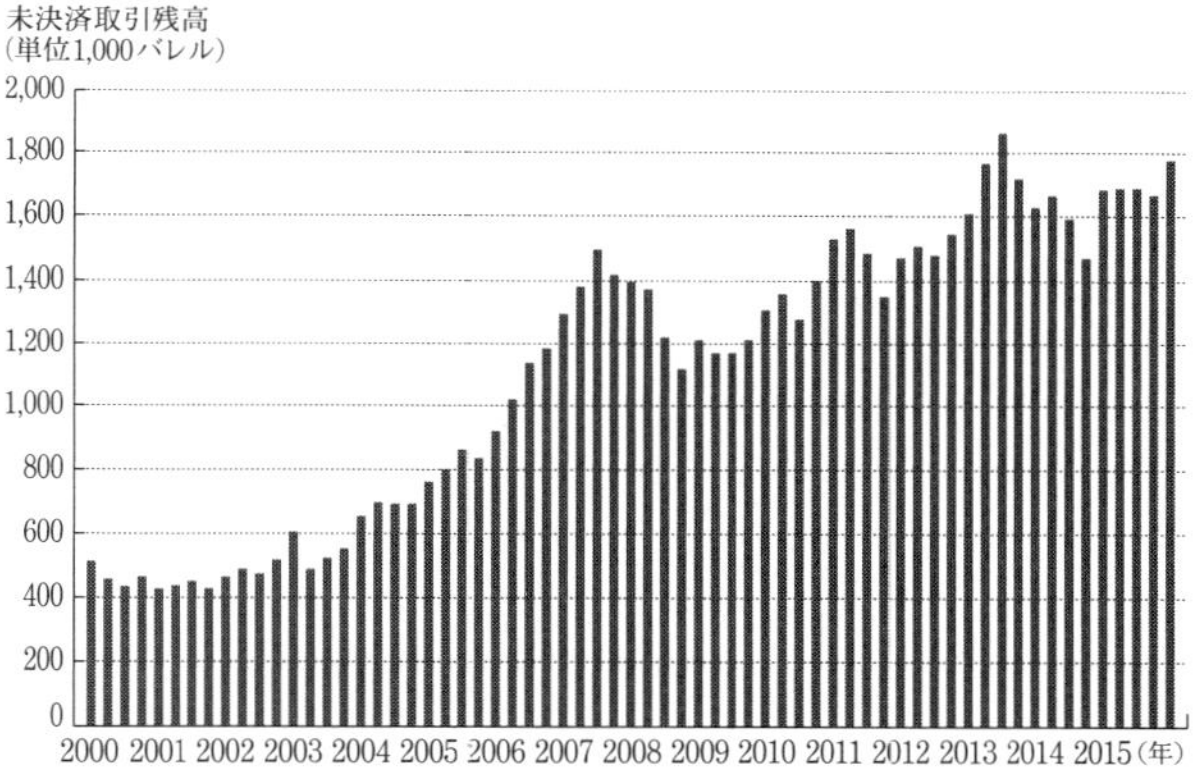

Source: NYMEX CME Group, Published by: U.S. Energy Information Administration.
Updated: Quarterly | Last Updated: 03/31/2016

未決済取引残高の推移（米 EIA）

がりで順調に増加し、２０１５年は通年ほぼ17億バレル（世界の石油総生産量の17倍）程度で推移している。

また、この原稿を書いている２０１６年４月現在も、未決済取引残高はほぼ連日17億バレル前後で推移している。

実需グループ、非実需グループ

米ＥＩＡの報告の中に、さらに興味深いグラフがあるので紹介しておこう。

先物市場には異なったグループの人たちが、異なった動機に基づいて参加している。

原油生産業者は、将来の価格下落を回避することを目的として、先物を売ることでヘッジするために参加しているかもしれないし、航空会社の燃料購買担当者たちは、将来のジ

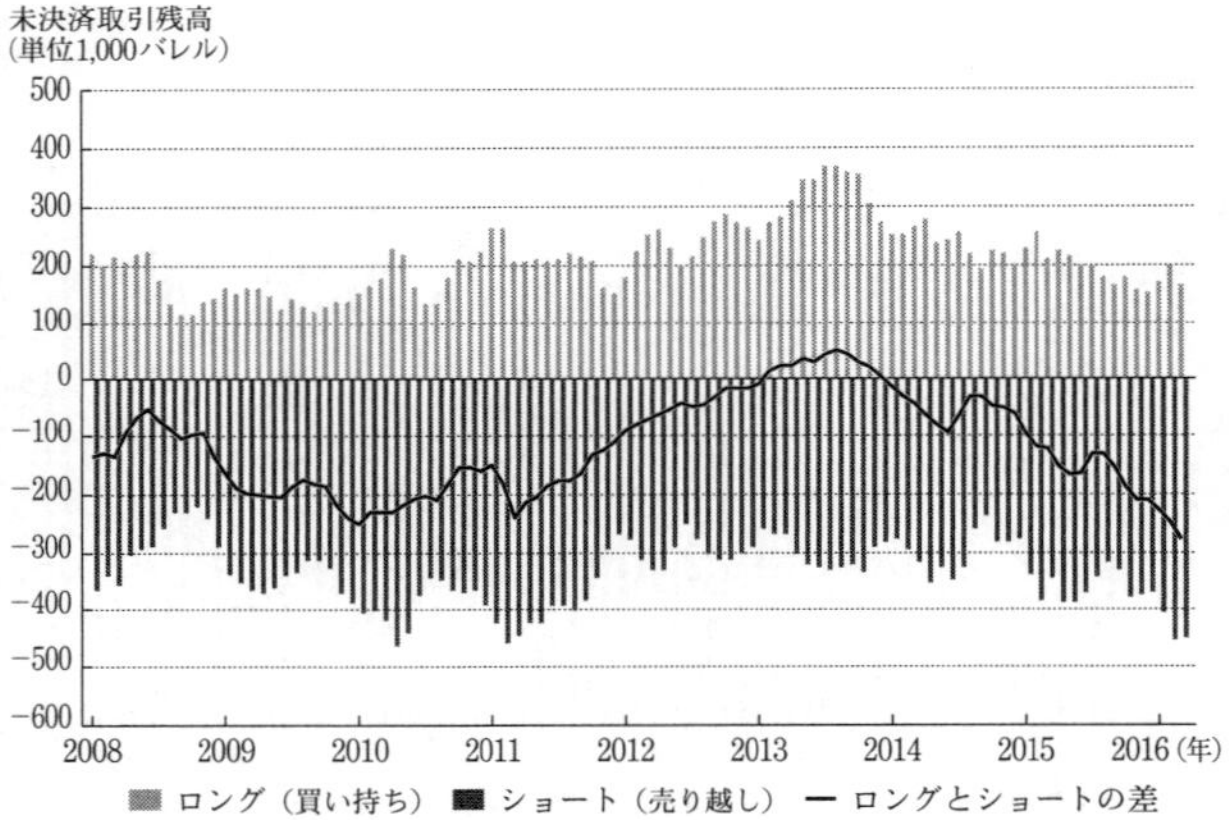

Source: CFTC Commitment of Traders. Published by: U.S. Energy Information Administration.
Updated: Monthly | Last Updated: 4/30/2014

Ⓐ実需グループのロングとショートの未決済取引残高とその差(米 EIA)

ェット燃料のコストが想定外に高いものにならないように、あらかじめ買っておくことでヘッジする目的で参加しているかもしれない。

また、銀行やヘッジ・ファンドの人たちは、市況の変化を利用して利益を確保すべく参加しているかもしれない。投資機関や年金基金の運用部門の人たちは、株式や債券以外にも利益を得る機会があるかもしれないと、あるいはインフレヘッジのために参加しているかもしれない。

米国の先物相場を管理するCFTC(Commodity Futures Trading Commission 商品先物取引委員会)は、不正取引を排除する方策の一つとして、これらの市場参加者たちを次のようにグループ分けし、それぞれの持つ未決済取引残高を定期的に報告させている。

グループは大きく分けて、実需グループ（Physical Participants—producers, merchants, processors and end users）と非実需グループ（Money Managers—hedge funds or other sophisticated traders）に分類されている。先に挙げた例でいえば、原油生産業者や航空会社は実需グループで、ヘッジ・ファンドや年金基金などが非実需グループということになる。さらにスワップ・ディーラーという分類があるが、この米ＥＩＡのレポートでは数値が判明しない。なお、ＣＦＴＣはこのグループも、店頭で行った相対取引のヘッジを先物市場で行っているとして、実需グループとみなしている。

それぞれのグループの未決済取引残高、すなわちロング（買い持ち）の未決済取引残高とショート（売り越し）の未決済取引残高と、その差を集計したのがⒶⒷの二つのグラフだ。

これを見ると、Ⓐ実需グループには原油生産業者という、将来の生産原油価格ヘッジのためショート（売り越し）する人たちと、航空会社や船会社のように、将来の燃料価格ヘッジのためにロング（買い持ち）する人たちとがいるが、合計すると生産業者のようにショート（売り越し）する人の方が多いらしく、ショートとロングとの差（ネット）はショートポジション（売り越しポジション）となっていることがわかる。残念ながら実需グループに分類されている

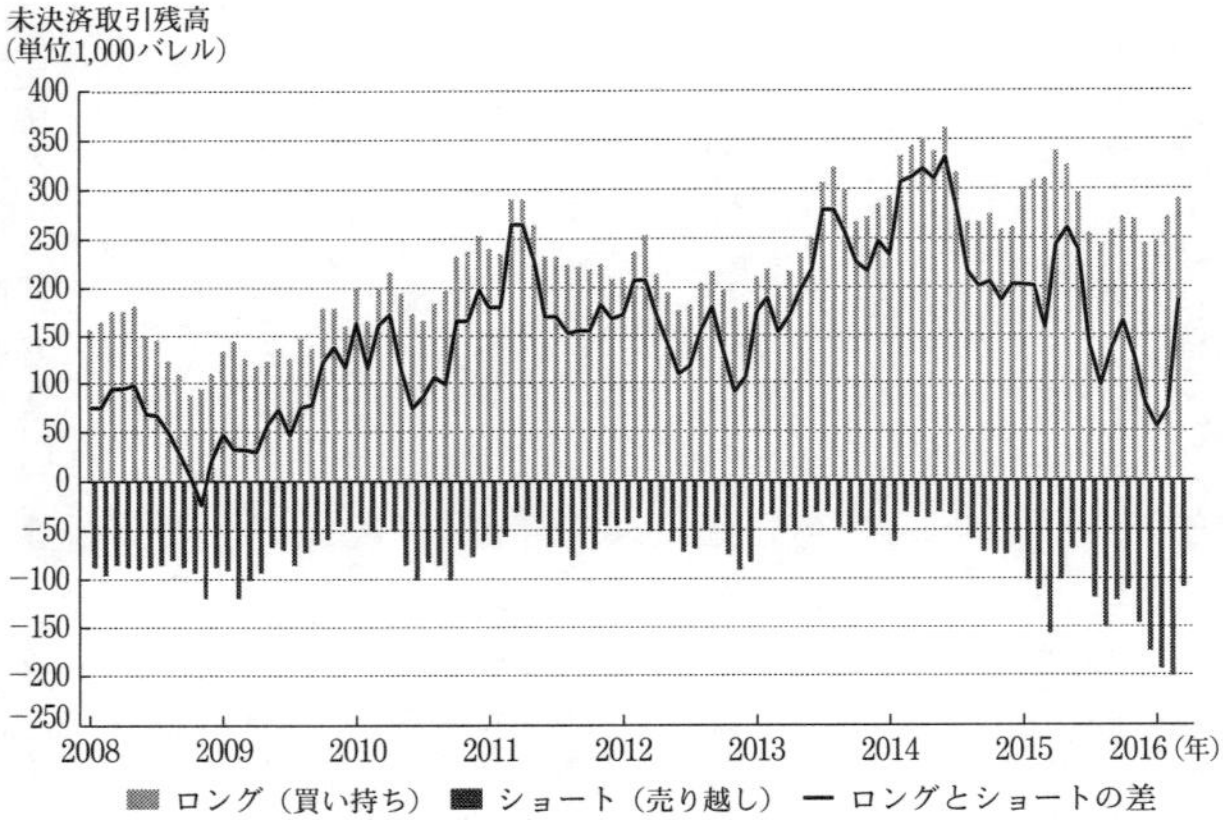

Source: CFTC Commitment of Traders. Published by: U.S. Energy Information Administration.
Updated: Monthly | Last Updated: 3/31/2016

Ⓑ非実需グループのロングとショートの未決済取引残高とその差(米EIA)

スワップ・ディーラーのポジションはわからない。

Ⓑ非実需グループは、投資目的、インフレヘッジ目的あるいは利益獲得目的と多種多様な人たちがいるはずだが、合計すると差(ネット)はロングポジションとなっている。利益獲得目的の、時に「投機筋」と呼ばれることもある金融業者は、相場の動向をみながら、価格が上がると見ればロング(買い持ち)したり、下がると見ればショート(売り越し)したりしているはずだが、合計すると基本的にはロングポジション(買い持ちポジション)となっていることがわかる。

このように、中長期的観点からショートする(売り越す)原油生産業者のような人たちと、インフレヘッジのため基本的にはロングする（買い持つ）年金基金の運用部門のような人たちがいるため、先物市場というものは売り買いがバランスしながら、買いの勢いが強くなったり、売りの勢いが強くなったりしながら運営されているものなのである。

第二章　今回が初めてではない

無一文で死んだドレーク「大佐」

石油が重要な商品となり、大々的に普及し始めたのは、1859年に米国ペンシルベニア州でドレークが機械を利用して商業生産を始めてからだ。まだ160年弱の歴史しかない。

石油の出現が、石炭をエネルギー源として推し進められていた産業革命を、さらに一段高いところへ導いたのは事実だ。また、もし石油がなかったら、中東から北アフリカに広がるイスラム世界は、今日のような発展経路をたどらず、2011年の「アラブの春」を経験することもなかったかもしれない。

他にも事例は枚挙にいとまがないが、石油は人類の歴史に大きな足跡を残している。

歴史の浅い石油産業だが、価格はこの間何度か暴落している。この章では、過去の価格暴落を振り返りながら、石油価格を決めているのは何なのかという問いへのヒントを探ってみよう。

石油時代を切り開いた男、エドウィン・ドレーク「大佐」は貧困の中で死んだ。

「大佐」とカッコ書きにしたのは、彼が本物の大佐ではなかったからだ。

週2回やってくる郵便馬車でしか外界とつながっていないペンシルベニア州のタイタスビルという僻地に彼を送り込むにあたって、コネチカット州にいた投資家たちが一工夫したのだ。

タイタスビルは丘に囲まれた谷底にあり、地中から染み出た油が水の流れに浮かんでいるオイル・クリーク（油の小川）に近い村だった。彼がタイタスビルに郵便馬車で到着する前に、「エドウィン・ドレーク大佐」宛に手紙を送り、地元の人たちに「今度やって来るのは『大佐』らしいぞ」と思い込ませたのだ。鉄道車掌上がりの失業者だったドレークが、現地に到着前から地元の人たちの「信用」を得られるようにと、銀行家たちが仕組んだ芝居だった。

タイタスビル周辺には石油の兆候がある。油が泉や川のあちこちに浮かんでいるからだ。地下のどこかにある石油を、岩塩を掘削するのと同じ機械を使って掘削し、ポンプで汲み出すことができれば、大量生産が可能だ。夜を照らす灯火の燃料として販売して、ひと儲けができる。すでに石油から灯油を精製する技術はでき上がっていた。石炭から灯油を生産していたからだ。灯油ランプも改良されており、儲かる市場がそこにあるのは確実だった。

現地に到着し、掘削を始めてから1年8カ月後に、ドレークは石油の機械掘りによる商業生産に成功した。

成功したドレークは、「一日当りで30バーレルを掘り当てて、これをバーレル当り30ドルで売って、1カ月に18000ドル（現在の約1億円）という巨利を得た」（『原油価格―その歴史と仕組み』田中紀夫著、第一法規）とされるが、その後やることなすこと上手くいかず、晩年は病苦にさいなまれ、半身不随となった。1873年よりペンシルベニア州からわずかな「終身年金」をもらって細々と暮らし、1880年にその生涯を閉じた。

当代きってのエネルギー専門家ダニエル・ヤーギンはピューリッツァー賞を受賞した『石油の世紀―支配者たちの興亡』(日本放送出版協会)で、ドレークが成功しなかったのは「先見性がなく、ビジネスマンの資格を欠く、商売の世界に入ったギャンブラー」だったからだ、と評している。

だが、彼個人の性格、能力もさることながら、石油というものが持つ特性に振り回されたという現実も無視はできないであろう。

ジェットコースターのように乱高下

石油というものは、どこにあるのかわからない。地表の「油兆」を頼りに、土地所有者から、土地あるいは「リース」と呼ばれる掘削する権利(鉱業権)を買い、掘ってみる。当たれば大金持ちになれる。だが、すぐに周辺に他のワイルドキャッター(Wildcat「山猫」から派生した語。石油を求めて、僅かな資金を持って人跡未踏の地にも入り込んで行くさまから、山師的小規模石油開発業者を今もこう呼んでいる)たちが集まってきて、掘り始める。あちこちで石油が見つかると、一帯はお祭り騒ぎになる。ワイルドキャッターのみならず、多くの人が集まってくる。酒場ができる。宿ができる。無人の地に、町ができる。

だが、ある日突然、石油の生産が止まる。一帯は途端にゴーストタウンになる。

アメリカにおける石油産業の黎明期は、このオイルブームとゴーストタウンの繰り返しだったのだ。

ヤーギンの『石油の世紀』によれば、黎明期の石油価格は次のように大きな乱高下を示している。

ドレークの「商業生産開始」から1年数カ月後の1861年1月は1バレル10ドルだったが、6月には50セントに下がり、その年の暮れにはわずか10セントとなってしまった。だが、安い石油から生産される安価な灯油が、それまでの主流であったコスト高の鯨油や石炭からの灯油を市場から駆逐し、石油由来の灯油の需要が増え、供給に見合ってきたため再び値上がりし、1862年末に4ドルとなり、さらに63年9月には7ドル25セントにまで上昇した。こうした混乱は続き、南北戦争が終わった65年には13ドル75セントまで値上がりした。ところが66年と67年には不況となって、石油価格はまた1バレル2ドル40セントに値下がりした。

ドレークが最初に得た「1バレルあたり3ドル」を「100」として換算すると、安い時はその30分の1の「3・33」であり、高いときには約4・58倍の「458・33」になっている。高値は安値の約138倍だ。しかもこれらの乱高下は10年という比較的短い期間に起こっている。まさに乱高下だ。

後に詳述するが、1970年代に2度のオイルショックに見舞われた時、価格は約12倍になった。また、80年代半ばの逆オイルショックでの値下がり率は約70％だった。

我々が生きる現代は、２０１４年夏に１１０ドルだった価格が、２０１６年1月に30ドル以下に下がったわけだが、これは約4分の1になったということだ。

石油黎明期の価格乱高下で、ドレークはジェットコースターに乗っているかのような心持ちだっただろう。もちろんエネルギー全体に占める石油の比率は微小で、経済全般が人々の日常生活に与える影響の度合いも現代とは違うので、同列に論ずるべきではないのだが。

なぜ無秩序状態が続いたのか

商品としての石油時代が幕を開けた時、なぜこのように価格の無秩序状態が続いたのだろうか。

それは、石油が生成され、地中に溜まっている状態、いわゆる地質についてほとんど何もわかっていなかったことと、アメリカでは地下資源が土地の所有者に所属し、しかもどこで生成されたのかは問わないという「捕獲の原則」が前提としてあるからだといえるだろう。

ではまず、地質に対する無理解あるいは知識のなさが、なぜ価格乱高下を招いたのかをみてみよう。

当時の常識では、石油は自然に地中から湧き出し、染み出ているもので、たとえば泉や川の流れに浮かんでいる油を、如何に上手に、多くの量を採取するかに焦点が当てられていた。石油がどこで、どうやって生成されるかについては、誰も知らなかったし、知ろうともしなかった。だから、岩塩掘削の機械を利用して、いっぺんにたくさんの量を採取しようとしてドレークを送り出したコネチカット州ニューヘブンの銀行家たちも、岩塩を掘る技術を応用するという画期的なアイデアに対して周囲の理解が得られず、資金集めに苦労したのだ。地下から機械を使って石油を掘り出すなどという荒唐無稽な話に、誰が投資などするのか、というわけだ。

１８５７年12月にドレークが送り込まれてから1年半、いっこうに「画期的なアイデア」の成果は上がらず、ほとんどの投資家は手を引いてしまった。掘削をする土地の「リース」入手は容易だったが、機械掘りがうまくいかないのだ。タイタスビルの村人たちも、ドレークは頭がおかしいのではないかと噂していた。最後まで信じていた銀行家ジェームズ・タウンゼントだけが私財をはたいて必要とする資金の送金を続けていた。しかし、その彼もとうとう音をあげる日が来た。最後の送金を行い、併せてドレークに「請求書の後始末を行い、作業場を閉鎖してニューヘブンに戻るように」と指示した。１８５９年8月末のことである。

その手紙がタイタスビルに郵送されている間に、ドレークがついに石油を掘り当てた。地下深度約70フィート（約21メートル強）のところである。

掘削を中断していた週末に、現場作業員たちがパイプの中に黒い液体があることを発見して汲み出し、桶やたらいや樽をいっぱいにして、月曜の朝やってきたドレークを迎えた。これを見たドレークは興奮しながら手こぎのポンプを使い、もっとたくさんの石油を汲み出した。とうとう成功したのだ。

この後届いたタウンゼントの手紙を、ドレークはどんな気持ちで読んだのだろうか。

資金ショートか、大油田発見か

実はこうした資金がショートするギリギリのタイミングで石油を掘り当てるというドラマチックな僥倖は、ドレークの後を追った多くの石油人も経験している。事業継続断念か、という瀬戸際になって掘り当てるという幸運が何度か重なっているのだ。

北海での最初の大油田発見、ノルウエー領のエコフィスク油田も同様だった。北海南部でガス兆が認められていたため、石油会社はこぞって北海北部で石油を求めて掘削を行った。米フィリップス石油は5年間空井戸を掘り続け、「これ以上は掘るな」との指示が届いた後、すでに掘削リグの使用料を支払い済みだから、という理由だけで掘削を継続した結果、ついに1969年末、エコフィスク油田を掘り当てたのだ。この成功が、のちの英領での油田――BPによるフォーティーズ油田（1970年）、シェルとエクソンによるブレント油田（1971年）の掘削成功を導いたのである。

ＩＴ時代の今日では起こりえないことだが、当時の郵便事情が石油屋たちに幸運をもたらした例も多い。

たとえば１９０８年5月、イランでウイリアム・ダーシーが大油田を掘り当てたのは、彼の最後の後ろ盾として資金援助をしていたグラスゴーのビルマ石油から、イラン中部のスレイマン油井から手を引けという最終指示書が郵送途上にあった時のことだった。その手紙には、ここまで掘削を継続してよいという「井戸深度」の限度が記載されており、もし、その深さまでに石油が発見されなければ「作業に見切りをつけて井戸を閉鎖し、機械設備を運べるだけモハメラーまで運び出し、そこからビルマへ船で送るよう」(『石油の世紀』)と命令されていた。まさに間一髪であった。イラン・カジャール朝のムザファール・エディン国王との石油利権協定調印からほぼ丸7年が経過していた。

また、サウジの大油田の発見につながった１９３８年のダンマン油田の掘削成功も、1号井の掘削開始から3年、失望に続く失望の中、はるか遠くアメリカのソーカル（カリフォルニア・スタンダード）の海外生産担当責任者から、これ以上の新規案件は原則禁止との電報を受けとった後、7本目の掘削でようやく掘り当てたのだった。

このように歴史を変えた多くの「大油田発見」が、ほとんど資金ショートぎりぎりで掘り当てられたという歴史的事実は、偶然とはいえ、石油開発という事業がそれだけロングスパンで投機性に満ちているということの象徴ではなかろうか。

さて、1859年のペンシルベニア州タイタスビルに話を戻そう。

ドレークが石油を掘り当てたとの噂はすぐに伝播し、人々がタイタスビルに押し寄せた。「ゴールドラッシュ」さながらの「オイル・ラッシュ」が始まった。

ドレークが掘り当てた地の周囲の土地価格、あるいはリース料はすぐに高騰した。当時の人々は、石油が見つかったらそのすぐそばには必ず別の油田があるはずだ、という認識でいたからだ。地質についての学問的な知識もなかった。当たった隣を掘れば当たるはずだ、と多くの人が思うのも無理のないことだった。近隣での掘削成功以上に確実な「油兆」はないからだ。

「地表に石油の兆候を探し求める」ことが探鉱作業の重要な第一歩だとの認識は、その後も長い間引き継がれていた。太平洋戦争前の日本が、北樺太や満洲で石油を求めたときもまた、最初に行ったことは「油兆」を探すことだった。

「早い者勝ち」の法則

さらに「捕獲の原則」が発見された油井の早期掘削を後押しした。

「捕獲の原則」とは、別名「ジャングルの掟」と呼ばれ、弱肉強食、早い者勝ちの世界の原則である。

世界中のほとんどの国が「地下の石油資源は国家の所有物」と規定している中、アメリカとカナダだけが、土地所有者のものと定めている。この原則の裏には、A公爵所有の森を飛んでいた鳥がB伯爵所有の森に飛んで行って、その鳥をB伯爵が捕らえたらB伯爵の所有物となる、という考え方がある。地下の油層の中の石油は、あたかも空を自由に飛びまわる鳥のようなものだと捉えられており、自分の領地で早く手に入れた者勝ちなのである。

たとえば隣接するXの「リース」地区と、Yの「リース」地区の下で繋がっている油層があるとすると、XでもYでも早く掘り出した者の勝ちとなる。効率を重視した「回収率」などという概念のない時代でもあり、誰もが一日でも早く、より多くの生産を行おうとしたからだ。その結果、井戸が涸れ果てるのも早かった。実は、地中に掘り残された石油の量の方が、掘り出された石油の量よりも圧倒的に多いのだが、当時はそこまで技術的なことはわかっていなかった。

なお、この基本的な考え方は、アメリカでは現代にも継承されている。

アメリカで石油開発事業に参画すると思い知らされるのだが、掘削を進める「リース」した土地の地質情報は、仮に共同で作業を行うパートナーであろうとも共有することはない。いつ、どこで、隣接鉱区で作業をしているライバルに漏れるかわからないからだ。

いや、今は同一「リース」内で共同作業をしているパートナーであっても、いつ何どきライバルになるかもしれない。

アメリカでは、何ごとも自己責任の世界なのである。

前述したように地質に関する知識が欠如していたことと、「捕獲の原則」が人々の行動を支えていたため、いったん石油が見つかったらすぐに、できるだけ早く、できるだけ多く汲み上げる、というのが当時の石油開発の常識だった。したがって、まず生産量が急増し、供給過剰になって価格が暴落し、結果生まれた安値が新たな需要を刺激し、需要量が増えて供給量に追いついてくると再び価格が上がり、そうすると再び生産に挑むワイルドキャッターが増えてくる……このサイクルが繰り返されたのが揺籃期、19世紀後半の石油産業の実態だったのである。

強欲独占、ロックフェラー

揺籃期の無秩序そのものの石油産業に秩序を求めたのが、ジョン・D・ロックフェラーである。予測不可能な価格の乱高下を安定させるには、市場に出回る石油の量をコントロールするしかない。無秩序そのものの自由経済の中に秩序を求める動きは、必然的に独占につながった。

今日のスーパーメジャーと呼ばれる大手国際石油会社4社のうち半分の2社は、ロックフェラーが築き上げたスタンダードオイル（以下、スタンダード）の末裔だ。エクソンモービル

（エクソンがモービルを2001年に吸収してできた会社）であり、シェブロンである。

英国資本のBPにすら、スタンダードの末裔が潜んでいる。BPが80年代に買収したソハイオ（オハイオ・スタンダード）、90年代末に飲み込んだアモコ（イリノイ・スタンダード）は、いずれもスタンダードの流れをくむ。

ロックフェラーがより安定的に儲かるようにするために挑んだのは、ギャンブルの要素が少ない精製と販売の分野だった。

彼が、ドレークの「商業生産」開始後に精製業に進出し、仲間とスタンダードを設立したのは1870年のことだ。消費者に「製品の〝スタンダード（標準）〟を提供する」ことを目的として命名されたこの会社は、他製油所の買収に加え、鉄道およびパイプラインという輸送分野を押さえることで石油事業の「独占」を進め、業界の「秩序化」を実現していった。当時は資本主義もまた揺籃期で、規制する法律はほとんど存在していなかった。ロックフェラーは弱肉強食の世にあくどいやり方で事業の独占を推進した。

たとえば鉄道会社と裏取引を行い、運賃割引のみならず、リベートを受け取った。さらには他社に支払われるべきリベートを自分の会社に振り込ませる「ドローバック」と称する悪質なリベートを受け取り、運賃面で圧倒的に有利な状況をつくりだした。加えて鉄道会社からは他社の貨物運送情報も入手し、競争相手の実情を把握した上で合併をもちかけ、同意しない場合には価格競争をしかけては廃業に追い込んだり、あるいは会社を身売りさせたりした。これらはすべて秘密裏に行われた。

敬虔なバプティスト信者（プロテスタント最大の教派。浸礼派）だったロックフェラーは、自分は神の教えに従い、良いことをしているのだと確信していたという。スタンダードこそが、「石油事業の救世主であり、石油事業を恥ずべき投機事業から立派な事業に変えた」と信じていたのだ（『タイタン―ロックフェラー帝国を創った男』（ロン・チャーナウ著、日経BP社）。

ロックフェラーらの共謀により父親が石油業界を追われた経験を持つ女性ジャーナリスト、アイダ・ターベルが、徹底的な調査に基づき2年間にわたって雑誌に連載し、1904年に一冊の本として出版した"The History of the Standard Oil Company（スタンダード石油の歴史）"は当時のベストセラーになった。さらにこの本は、ニューヨーク・タイムズが1999年に選出した「20世紀のジャーナリズム・トップ100作品」の第5位に入るほどの名著で、当時の人々はロックフェラーの言葉は偽善だ、二重人格者だと、激しく指弾した。その結果、スタンダード石油の存在は社会問題化し、1911年には独禁法（シャーマン反トラスト法）違反による解体につながった。

スタンダードの動きは、まさに「独占」を絵にかいたようなものだった。数字をあげると、1909年にシャーマン反トラスト法違反で裁判所から解体を命じられた時、スタンダードはペンシルベニア州、オハイオ州およびインディアナ州の生産原油の80％以上の輸送を牛耳り、アメリカの精製業の75％を支配し、灯油の国内販売および海外輸出の80％以上を押さえていた。まさに業界の王者として君臨していたのだ。

本書のテーマである原油「価格」についても、スタンダードの「力」を見せつけたエピソードがある。

石油の商業生産開始以降、原油の取引価格は、ドレークが機械を利用して石油を掘り当てたペンシルベニア州のオイル・リージョン（「石油地域」という地名）と、ニューヨークに設立された「取引所」で「原油の引取り権利書」の売買を行うことで決められていた。当初、原油生産には手を出さず、輸送と精製、販売を押さえることから事業を進めていたスタンダードは、子会社経由でこの権利書を購入して原油を入手していたのだ。だが、そのうちスタンダードは、取引所の取引平均価格で直接生産業者から買う方法に変えた。他の独立系石油会社もスタンダードのやり方を踏襲し始めた。その結果、取引所の取引高は激減した。そして１８９５年、スタンダードは「毎日、生産業者から買い取る原油価格を我々が通告する」との発表を行った。買い手が価格を決めることを宣言したのだ。こうして取引所は両方とも息絶えることとなった。

１９７３年の第一次オイルショックから始まるＯＰＥＣの時代の常識は、売り手である産油国政府が原油価格を決めていたのだが、スタンダード全盛期の１８９０年代から１９００年代にかけては、買い手が原油価格を決めていた時代だったのである。

相次ぐ油田発見

ロックフェラーが「独占」を強引に押し進めている間にも、石油前線は拡大し続けていた。米国内でも石油生産が、ペンシルベニア州から周辺のオハイオ州、インディアナ州へと広がり、さらにはオクラホマ州、テキサス州へと西進し続けていた。この石油ブームの中、スタンダードの傘下ではないため「独立系」と称された多くの新興石油会社や他国の石油会社が、アメリカ国内のみならず中南米、中東、コーカシア（カフカス）、アジア等でも活動を始めていた。

ロックフェラーのスタンダード創設から間もない1872年ごろ、当時のロシア領、現在のアゼルバイジャンのバクー周辺で油田群が見つかった。1883年、黒海沿岸のバツームまで鉄道が開通したことにより、バクー産ロシア灯油が欧州市場に流れ込み始めた。バクー油田に利権を持っていた有力者は、ダイナマイトの発明で財をなしたノーベル兄弟とパリの大富豪ロスチャイルド家だった。

同じ頃、はるか東のボルネオではオランダの石油会社ロイヤル・ダッチが原油生産を始めており（1885年以降）、イギリスのサミュエル商会（後のシェル）は石油タンカーを考案していた（1892年）。

サミュエルはロスチャイルドから長期契約で購入したロシア産灯油を、当時の常識であったブリキ缶入りではなくタンカーの船倉に設けたタンクの中に収め、バルク（かさばる積み荷）として運び、インドなどの消費地に石油タンクを建造して販売し始めていた。これによって運送費が大幅削減され、同社の灯油は充分なる価格競争力を有するまでになった。

ロイヤル・ダッチとシェルの両社は1907年に二元上場会社という特殊な形態で事実上の合併をし、（2005年に本格合併）、今日のロイヤル・ダッチ／シェル（以下、シェル）につながる大手国際石油会社が誕生した。

第一章で触れたが、1912年にチャーチル海軍大臣が英国艦船燃料を石炭から石油に転換することを決定したイギリスは、1914年の第一次世界大戦開戦直前には、イランで原油生産を始めたばかりのアングロ・ペルシア会社の株式を51％獲得、政府の意向で経営方針を決められるようにしていた。

中東における巨大油田の発見も、両大戦間に相次いだ。これらは今でも生産を継続している。代表的なのはイラクのキルクーク油田（1927年発見）であり、イランのガッチサラン油田（イラニアン・ヘビー原油、1928年発見）である。1938年のサウジのダンマン油田発見は、サウジが豊穣な石油ガスを胚胎していることを世界に知らしめ、40年代、50年代の近隣の大油田発見に結びついた一大事件であった。中でも近くのガワール油田（アラビアン・ライト原油、AL）は今でも500万B/Dの生産を誇る世界最大の油田である。

まさに、石油の重心はアメリカから中東に移ったのであった。

価格をコントロールしておきたい

時代がこのように大きく動いているさなかの1928年9月、ニュージャージー・スタンダード（今日のエクソンモービル）、シェルおよびアングロ・ペルシアの三大国際石油の巨頭3人が、スコットランドのアクナキャリーの別荘に集まり、秘密協定を結んだ。当時の石油業界は過剰設備と過剰生産に悩んでいた。だが、ロックフェラーの時代のように、独占によって競争をなくすことも困難なほど、産業規模も市場も拡がっていた。有効な対応策は、現状認識を共にし、協定によって市場に安定をもたらすことだった。この精神に基づき、アメリカとソ連を除く世界全体の石油製品の販売市場のシェアを3社で現状のまま維持しよう、という約束である。数カ月後に確認されたことだが、現状以上の原油が生産された場合でも、他社に販売する限りにおいては許容された。

こうして原油の生産から精製、石油製品の販売まで、この3社が一貫してコントロールする方策ができあがったのだ。

直接のきっかけは、折から発生していたインド市場をめぐる販売競争の悪影響を避けようということだった。三大国際石油会社が、お互いの事情を認識することにより不要な過当競争を回避し、一方で世界の需要動向を的確に把握し、生産量をコントロールすることで不慮の価格下落を避けることを目指したものである。

もちろん、世界が相手であり、他にもライバルがたくさんいるので、いかに三大国際石油会社といえども、ロックフェラーがアメリカ市場を「独占」したようなトラスト形態で石油市場を支配することは困難だった。だが、3社はこの協定の精神に則り、他社もまきこむ形で多くの契約、合弁事業などを通じ、とにもかくにも市場をコントロール下におくことを目指したのだった。

なおこの会合には、ニュージャージー・スタンダードのドイツ支社長、アメリカ独立系ガルフオイルおよびインディアナ・スタンダードからの代表も参加していた。

さらに重要なのは、このアクナキャリー協定では、世界中のどこで生産された石油でも、アメリカのメキシコ湾岸から積み出され、消費地に運ばれたとみなす「単一基準地点方式」、あるいは「ガルフ・プラス方式」と呼ばれる価格決定方式の導入に合意したことだ。この仕組みにより、アメリカの生産業者は、世界中のどこの市場においても競争力を維持できることになった。また、中東やアジアの生産業者は、生産地から近い地域向けの販売の場合には、追加の利益を得られることになった。

英海軍が不満を示した価格決定方式

例をあげて説明してみよう。

たとえばインドのボンベイ（現ムンバイ）向けに販売される灯油の価格は、メキシコ湾岸でのＦＯＢ（本船荷渡し）価格に、運賃や海上保険を付加したＣＩＦ（運賃および保険料付加）価格を基に決められる。もし中東産の灯油であれば、中東からインドまでの距離が短いために実際の運賃は格段に安い。だが単一基準地点方式では、ＣＩＦ価格は同一と決められているので、中東からの運賃は架空運賃として割高になるという仕組みである。アメリカの産油業者も競争力を失わずにインドで販売ができ、中東での産油業者は利益がたくさん出る決め方であった。

割を食ったのは消費者であった。

結局、この仕組みは第二次世界大戦の勃発とともに修正を余儀なくされた。消費者であるイギリス海軍が政府を通してアメリカにクレームをつけ、アクナキャリー協定の一環として決められた、メキシコ湾を基準地点とする「単一基準地点方式」は変更の必要に迫られた。

事情はこうだ。

繰り返しになるが、イギリス海軍が重油を補給する場合、「単一基準地点方式」が適用されているので、世界のどこで購入してもアメリカのメキシコ湾の製油所で荷渡しされる重油の価格に、補給地点までの運賃などを乗せた価格で買わざるを得ないことになっていた。たとえばインドのどこかの港で、アングロ・ペルシアのイラン・アバダン製油所から重油を購入しても、メキシコ湾からアフリカの南端である喜望岬を回ってインドまでの運賃などが加算されたのと同じ価格を払わなければならない。製油所の重油価格にはさほどの差はないはずだから、アバダンからの架空運賃がべらぼうに高いということになる。これでは理屈に合わない。イギリス海軍からすれば、こういう時に備えてアングロ・ペルシア石油を支配下に置いたのに、なぜ高い重油を買わなければならないのか、というわけだ。

戦後には、メキシコ湾と中東を基準地点とする「二重基準地点方式」が適用されることとなった。

確かに「単一基準地点方式」は時代遅れになっていた。

この方式は、アメリカが世界の半分以上の原油を生産していて、石油製品の一大輸出国であった時代には有効な方式だった。だが１９３０年代後半以降、急速に中南米や中東、あるいはインドネシアでの石油生産が増え、一方でアメリカは国内需要の増加により輸出余力を減少していたため、もはや意味のないものになっていたのだ。

ちなみにアメリカは第二次世界大戦後の1948年、石油の純輸入国に転じて今日を迎えている。

世界の生産および販売を支配し、価格ですら自らに有利な仕組みを作り上げたアクナキャリー協定による強靭なカルテル体制は変更を加えて、1973年の第一次オイルショック後の「OPEC時代」の到来まで継続されることになる。

後に国際石油資本の代名詞として「セブンシスターズ」と称されたのは、アクナキャリー協定のこの3社に加え、スタンダードの末裔であるニューヨーク・スタンダード（後のモービル。1999年にエクソンに吸収された）、ソーカル（カリフォルニア・スタンダード。現在のシェブロン）、テキサス州での石油生産に成功したテキサコ、そして今日でもロックフェラー家、モルガン家と並ぶ三大財閥の一つであるメロン家が創設したガルフの4社である。なおガルフは1984年に、テキサコは2001年に合併・吸収され、シェブロンの一部になっている（ちなみにロックフェラー家は当時、ニュージャージー・スタンダードの20・2%、ニューヨーク・スタンダードの16・3%、カリフォルニア・スタンダードの12・3%を所有していた）。

戦後の日本はどうしたか

アクナキャリー協定の精神に裏付けられたセブンシスターズの市場支配について昭和期の国

際経済学者・井口東輔は、1963年刊の『現代日本産業発達史Ⅱ石油』（現代日本産業発達史研究会）で、次のように述べている。

「世界石油産業を安定させたのは、戦前のいわゆる国際石油カルテルだ。第二次世界大戦後も、資本の複雑な集中構造と長年の慣行、さらには価格の基準地点方式を支柱として国際石油カルテルが石油産業を牛耳っている。したがって戦後の日本石油産業の再興は、これら国際石油資本からの原油供給、技術、資金に頼らざるを得なかったのだ」と。

石油産業のすべての分野で圧倒的に後発だった日本は、「売り手」の決める石油価格を受容するしかなかった。だが「セブンシスターズ」が支配していた時代は、基本的に供給過剰が続いていたので、日本に大きなディスアドバンテージがあったわけではなかった。

この事実を如実にあらわすエピソードがある。

戦後、ペルシャ湾海底油田の利権を得ようと、日本輸出石油社長の山下太郎が「アラビア石油」創設を政財界要人に働きかけたとき、強く反対したのが東京大学経済学部長の脇村義太郎だった。

戦後の石油産業復興時代のオピニオンリーダーの一人だった脇村は、相次ぐ中東大油田の発見により原油の供給過剰状態はしばらくの間続くから、大手国際石油会社との友好関係を維持しさえすれば、日本が必要とする石油はいつでも手に入る、という判断をしていた。官民が挙げて推進しようとしていた「アラビア石油」構想に対して、探鉱リスクが高く、日本企業として経験のない海底油田の探鉱、開発は技術的にも困難な上、陸上の10倍以上のコストがかかるため、日本企業が取り組むのは無謀すぎると、強い疑問を呈したのだった。

1957年7月、脇村教授は、経済クラブで行った「中東石油開発の困難性」と題する講演を次のように締めくくっている。

「あり余る外資を擁しながら、提供された中東石油進出の機会を考慮ののち『国力に余るから』といって拒絶したアデナウアー大統領〈筆者注：戦後復興を成し遂げた西ドイツの初代首相で在任期間は14年間に及ぶ〉の慎重さも学ぶべきではないでしょうか」（「東洋経済新報」1957年7月20日号）

だが、1973年の第一次オイルショック以降に中東を中心とした産油国の集まり、OPECが支配する時代になると、資源を持たざる国・日本は、OPECの思惑に振り回される悲哀を味わうこととなった。イスラエルを支持するアメリカの同盟国だということで供給削減を受け、一次エネルギーの7割以上を依存していた原油の価格がまたたくまに4倍になり、この初めて経験する事態に政府も民間企業も右往左往するだけだった。

トイレットペーパーがスーパーマーケットの陳列棚からなったことに象徴されるように、日常生活の様々な場面でパニックに陥った1973年の第一次オイルショックから、1979年のイラン・イスラム革命による第二次オイルショックまで、毎年のように高騰する原油価格に、日本経済は対応に苦しんだ。さらには1980年に始まったイラン・イラク戦争や1990年の湾岸戦争など、中東で動乱が起こるたびに、エネルギー安全保障の問題が政治課題となり、脱石油政策を追求する中で、電源燃料として原子力の比重を高める政策に傾斜していったのである。

逆オイルショック

1986年の原油価格大暴落は「逆オイルショック」と呼ばれた。30ドル以上で取引されていたものが半年間で10ドルを割り込んだのだ。3分の1以下になったのである。

1973年と79年の2度にわたるオイルショックが、原油価格の大暴騰と、それによって引き起こされた世界的な経済混乱を招いたこととの対比で、こう呼ばれている。

また、2014年末からの今回の価格暴落を「逆オイルショック」の再来だと主張する識者もいるが、筆者は本質的に違うものだと考えている。

では「逆オイルショック」とは何だったのだろうか。

逆オイルショックは第二次オイルショックを契機として始まった。そしてそのオイルショックの引き金は、1979年のイラン・イスラム革命であった。

1978年の秋、石油労働者を含むゼネストにまで拡大したイランのシャー（国王）・パーレビの圧政に対する抗議運動は、翌1979年1月、パーレビのエジプト亡命にまで発展し、亡命先のフランスからホメイニ師（シーア派のイスラム法学者）が帰国して、2月初旬に「イスラム法学者の統治」に基づくイラン・イスラム共和国が誕生した。これがイラン・イスラム革命である。

この間、600万B/Dのイラン原油の生産が一時中断され、輸出が止まった。原油市場は供給不足の懸念に襲われ、価格は暴騰した。当時の世界の原油生産量5846万B/D（「BP統計集」）に対しての600万B/Dだから、イラン産原油はほぼ10％にあたる。それだけに影響は甚大だった。

1973年の第一次オイルショック以前には3ドルだった原油価格は、1979年の第二次オイルショックで36ドルに上昇した。わずか数年の間に、原油価格は12倍に急騰したのだ。

この2度のオイルショックによる短期間での原油価格急上昇は、世界景気を不況に落し入れ、石油をはじめとするエネルギー消費を減少させた。一方で、北海油田を代表とする非OPECの原油生産量が急増した。必然的にOPEC原油への需要が減ることになった。さらに、エネルギー消費の多い先進国では「脱石油」の動きが加速した。電力会社の発電用のみならず、大手産業の熱源としての燃料も、石油から原子力や天然ガスへ、あるいは石炭へと転換が促進された。

統計数字で見ると、不況と高価格の両方の影響を受けた石油消費量は、1979年の6388万B/Dから1982年の5781万B/Dへと、3年間で9・6%も落ち込んでいる。

一方、一次エネルギー（石油、天然ガス、石炭、原子力、水力を含む再生可能エネルギー）総消費量は、1979年の67億810万（石油換算）トンから1982年の65億5940万トンへと3・4%の下落で収まっている（「BP統計集」）。

これからわかるように、脱石油政策により石油から他の一次エネルギーへの燃料転換が図られたものの、世界の景気後退による影響は大きく、この期間、一次エネルギーの総消費量が減少したのである。これが「逆オイルショック」の遠因だった。

ちなみに第二次世界大戦後、一次エネルギー消費量が対前年比で減少したのは、この第二次オイルショック後の3年間以外には、リーマンショックがもたらした世界不況の影響で減少した2009年だけである。

2014年末から始まった今回の原油価格大暴落は、一次エネルギー消費量も石油の消費量も順調に増加している中で発生しており、1986年の「逆オイルショック」とは性質が違うものなのである。

一次エネルギーに占める石油の比率は、第一次オイルショックの起こった1973年には

49・8%だったが、1983年には41・4%まで落ち込んだ（数字は「最近の原油価格高騰の背景と今後の展望に関する調査」小宮山涼一著、IEEJ2005年10月号　以下、「2005小宮山論文」）。この傾向はその後も継続し、2014年には32・6%（「BP統計集2015」）となっている。また、「BP長期展望」によると、2035年には29%となる見通しである。

非OPEC原油が勢いづく

二度のオイルショックによる原油価格の急騰は、世界景気を不況に陥れただけでなく、それまで技術的には可能でも、経済的に開発が困難だと思われていた原油生産を可能にした。たとえばアメリカのアラスカ原油であり、英領およびノルウェー領の北海原油である。これは、2000年代後半からの原油高価格がシェールオイルの開発・生産を可能にしたのと同様の理屈だ。

非OPECの原油生産量の推移を見てみると、1975年には2866万B/Dだったものが1985年には42・3%も増加し、4077万B/Dとなった。世界全体に占める生産比率は51%から71%になった。また、英領北海は3万B/Dから268万B/Dへ、メキシコも81万B/Dから291万B/Dにまで増加した（「2005小宮山論文」）。

では、世界全体の石油消費量が3年間も連続して減少していることが遠因である「逆オイルショック」が、なぜ起こったのかをみてみよう。

そのためには、少々長くなるが、第二次オイルショック以後のOPECとその盟主であるサウジがどのように時代に対応したのかを振り返る必要がある。読者の皆様にはしばらくお付き合い願いたい。

長期契約価格とスポット価格

実は原油価格大暴落につながる気配はすでに1981年半ばから漂っていた。イラン・イスラム革命（1979年）をきっかけとする第二次オイルショックにより40ドル以上で推移していた原油のスポット価格が落ち込み始め、その年末には32~36ドル程度になっていたのだ。

ここで原油の長期契約価格とスポット価格の関係を説明しておこう。

長期契約価格とは読んで字のごとく、長期契約に適用される価格で、OPEC原油については産油国政府が定めている公定販売価格がベースとなっている。この公定販売価格はOSP（Official Selling Price）と表され、OPECではGovernment Sellintg Priceの略、GSPと呼ぶことがある。本書では、OSP（非OPEC）、GSP（OPEC）として、公定販売価格を表記する。

ＯＰＥＣ産油国はほとんどの輸出原油を長期契約に基づき、自ら定めたＧＳＰで販売していた。

一方、スポット価格とは、長期契約に基づかない原油を、必要な時に必要な分だけ、おおむね一回限りの取引で、いわゆる当用買いをするときに適用される価格で、その時の需要供給バランスによって高くなったり安くなったりする価格である。非ＯＰＥＣ原油は、ほとんどがスポット販売されており、ＯＰＥＣの中にも輸出原油の一部をスポット販売している国があった。ただし１９８６年の逆オイルショック以前は、スポット契約のスポット価格は、固定価格であるＧＳＰプラスいくら、あるいはマイナスいくらというものだったので、やはり固定価格といえるものだった。

ＧＳＰ、すなわちＯＰＥＣの長期契約の販売価格がスポット価格より高いものになると、需要家は当然のこととして、安いスポット原油をたくさん買い、長期契約で買う量を少なくする。逆に、長期契約販売価格がスポット価格より安くなると、安い長期契約で買う量が増えるという現象がおこる。もちろん、長期契約は半年から１年単位で結んでいるため、この現象が起こるにはある程度のタイムラグがあった。

いずれにせよＯＰＥＣは、ＧＳＰを決めるにあたり、市場におけるスポット価格を完全に無視することはできなかったのである。

非ＯＰＥＣの原油は、スポットで販売しているものが多かったが、長期契約で販売している原油の価格も、スポット価格の推移をみながら、ＯＰＥＣ原油よりは柔軟に、頻繁に変更されていた。

市場に連動

その例を非ＯＰＥＣの代表であるイギリスの北海原油を例に見てみよう。

イギリス政府は１９５０年代から始まった北海油田の開発を促進させるために、１９６０年代から石油開発のライセンス方式（石油法に基づいて、独占的に鉱業権を付与する方式。所得税やロイヤルティの支払い義務がある）導入などの法整備を行い、入札を実施してきた。生産が順調に伸びてきた１９７６年、51％の政府取り分原油を取り扱う会社としてＢＮＯＣ（British National Oil Company イギリス国営石油会社）を設立した。

一方でイギリス政府は、民間石油会社の生産原油に対する課税基準として公示価格ＯＳＰを定めていた。このＯＳＰは同時に、ＢＮＯＣが政府取り分の北海原油を生産者から購入するときの価格でもある。

ＢＮＯＣは製油所を保有していないので、政府取り分（51％）として購入した北海原油を第三者に販売しなければならない。長期契約はＯＳＰで販売するが、スポット契約はそのときの市場動向に基づき、OSPにプレミアムをつけたり、ディスカウントして販売していた。このOSPはおおむね、四半期ごとに市場動向に合わせて変更されていた。

BNOC分を除いた49%の取り分を持つ民間の北海原油生産業者は、自らのグループの精製会社や第三者に原油を販売していた。第三者との取引は民間同士で行われるため、OSPにとらわれることなく、売買当事者が合意できる市場価格だった。

需要家からみれば、価格的にはOPEC原油より、市場価格をより強く反映している北海原油の方がはるかに魅力のあるものだった。その結果、OPEC原油の販売市場シェアは北海原油などの非OPEC原油に徐々に奪われていった。

『石油の世紀』によると、1979年には全取引の10%以下だったスポット契約の比率は、1982年には半分以上を占めるまでになっていた。

ヤマニ石油相の慧眼

ここまでの流れを振り返ると、2度のオイルショックの結果、高騰した原油価格がもたらした世界不況に加え、脱石油政策の影響もあって石油需要は毎年減少していた。一方、市場価格で販売されている非OPECの販売シェアが伸びてくるという危機が重なり、OPECはジレンマに見舞われた。価格下落は回避したいが、販売シェアも維持したい。価格を望ましい水準に維持するためには減産しかないのだが、それは販売シェアを失うことを意味する、どうすればいいのか、というわけだ。

１９７９年の第二次オイルショック直後から、サウジ石油相のヤマニは、他のＯＰＥＣの石油相に「原油過剰状態が早晩やって来る」と警告していた。だから一致団結して対抗しなければならないのだ、と。

このヤマニの警告を当初ＯＰＥＣ各国は馬耳東風と聞き流していたが、１９８２年３月の第63回ＯＰＥＣ臨時総会で、初めて国別生産割当（Quota）を導入することに合意した。価格下落を防御するために、生産量をコントロールすることの重要性を認めたのだった。

１９８２年４月以降の各国別の生産枠を集計したＯＰＥＣ全体の生産枠は１８００万Ｂ／Ｄとなった。１９７９年の生産量が３１００万Ｂ／Ｄだったことを考えると、まさに様変わりだった。

だが、違反に対する罰則規定がないこともあって、多くのＯＰＥＣ加盟国は約束した生産枠を守らなかった。いろいろな方法を使って安売りをして、生産枠以上の生産を行っていた。ちなみに後で判明した１９８２年のＯＰＥＣ全体の実際の生産量は、生産枠より２００万Ｂ／Ｄほど多い２０００万Ｂ／Ｄ弱だった。

この間、イラン・イスラム革命直後の１９８０年にイラクがイランを攻撃し、８年間続くことになるイラン・イラク戦争が始まっている。戦況により、イランあるいはイラクからの原油輸出が阻害されるなど、不安定な中東情勢で原油供給は危ぶまれたが、高油価がもたらした世界不況による石油需要の減少は留まることなく、スポット価格は下落し続けていた。

1983年2月、イギリスのBNOCは、こうした市場の動きに反応してOSPを3ドル値下げして30・5ドルとした。

BNOCの値下げは、北海原油に品質が似たナイジェリア原油を直撃した。需要家である石油会社はOPEC加盟国のナイジェリア原油の購入を止め、北海原油を大量に買うようになった。顧客を失い、原油の輸出がほぼ止まることになってしまったため、ナイジェリアはただちに「価格戦争」を宣言し、事前にOPEC内の同意を取り付けることなく、GSPを5ドル50セント値下げして30ドルにすると発表した。

混乱する事態を収拾するため、1983年3月中旬にOPECはロンドンで第67回臨時総会を開催し、12日間のマラソン協議の結果、OPEC全体の基準原油であるサウジのアラビアン・ライト原油のGSPを34ドルから5ドル値下げして29ドルとすることとした。アラビアン・ライト原油の29ドルは、品質を考慮すると北海原油の30・5ドルとほぼ見合うものであった。また、ナイジェリア原油の5・5ドル値下げを追認するものであった。

OPECの基準原油とは、品質の差や消費地までの距離などによって異なる数多くの原油価格を、ある一定の原則に基づき、整合性をもたせるために考え出された仕組みの中心となるものである。基準原油として、一種類の原油としては世界最大の約５００万B／Dの生産量を誇るサウジのアラビアン・ライト原油が採用されている。ＯＰＥＣにおける価格協議は、この基準原油価格をどうするかに集中し、他の原油はこの基準原油との価格差でほぼ自動的に決まる仕組みである。

臨時総会ではさらに、ＯＰＥＣ全体の生産枠を50万B／D引き下げ、１７５０万B／Dとした。サウジ以外の加盟国はそれぞれ少量の減産を行い、もしそれでも供給過剰が解消できない場合は、「スイング・プロデューサー」のサウジが一手に引き受けて減産をする、という仕組みに合意した。ＯＰＥＣの盟主であるサウジとしては、ＯＰＥＣが一致団結して対応することが重要だ、そのためにはある程度の犠牲は止むをえない、サウジがスイング・プロデューサーとして減産することになっても、価格が上昇すればサウジの被る金銭的損失はさほどのことではないだろう、と考えたのだろうか。

だが、加盟国の多くはまたしても減産の約束を守らなかった。生産量の推移を監視する体制も不十分であり、約束違反になんら罰則規定がないため、各国はさまざまな手段を講じて値引き販売を継続していた。たとえば別の商品とのバーター（交換）取引である。

当時、三井物産のロンドン支店に勤務していた筆者は、ＯＰＥＣメンバーであるアルジェリアの国営石油ソナトラック（Sonatrach）と、機械部品のバーター取引交渉を行った経験がある。アルジェリアの機械公社に三井物産が販売する機械部品の代金を、国営石油であるソナトラックから原油（GSP）で受け取り、市場（スポット価格）で販売して代金を回収するのだが、たとえばスポット価格がGSPより安ければ、原油の量を多く受け取ることでカバーする、という構想であった。しかし、残念ながら取引は実現しなかった。

サウジの逆襲

このように多くのOPEC加盟国が生産枠を守らなかった結果、サウジが減産をしなければならない量が想定以上に大きくなった。サウジの生産量は年々大幅に減少し、1985年の第2四半期には260万B／Dにまで落ち込む始末だった（JXエネルギー「石油便覧」）。年間平均を取っても、1981年には1026万B／Dだったのだが、82年696万B／D、83年495万B／D、84年には453万B／Dと減少し、85年には360万B／Dとほぼ3分の1になってしまった。

1985年8月、OPEC加盟国にヤマニは最終警告を発した。

「もし、みんなが合意した各国別生産割当を結束して守らないならば、サウジアラビアとしては、これまで果たしてきたスウィング・プロデューサー役を放棄する」（『ヤマニ―石油外交秘録』ジェフリー・ロビンソン著、ダイヤモンド社）

ついにサウジはシェア奪回作戦に出る。この奪回作戦こそが「逆オイルショック」という原油下落を引き起こしたのである。

その手法は「ネットバック」方式と呼ばれるもので、消費地における石油製品の価格を基に原油価格を設定する方法である。石油製品価格から、精製費用はもちろん、販売コストも輸送コストも、さらには「適切な」利潤も差し引いて、原油価格を決めるのである。石油製品価格－（必要経費＋利潤）が原油価格として提示されたのだ。

この間の経緯については、ＯＰＥＣの事務局長も務めたフランシスコ・パラが“Oil Politics: A Modern History of Petroleum”（I. B. Tauris）という著書で次のように述べている。

サウジは１９８５年９月初めに、まずは秘密裏に旧アラムコのパートナーであるエクソンなど4社とアメリカ向けに限定して、約90万B/Dのネットバック方式に基づく販売契約を締結した。これは、最低限の販路確保を目指した動きだった。ネットバック方式は、買主である石油会社が精製する石油製品価格から、あらかじめ必要経費と利潤が引かれているのだから、確実に利益が出る。パラはこれを「精製会社の夢が実現した」と評している。サウジはさらに同様の販売契約を秘密裏に他社とも締結し、１９８６年初めには３００万B/Dを越えるところまで拡販に成功したという。

ちなみに、当初は除外されていた日本向けにも、この年2月から適用されるようになった。

供給量が増えた結果、石油製品価格は下落した。だが、石油製品価格が下がっても、石油会社の必要経費も利潤も確保されているのでサウジ原油の需要量は増加した。当然のこととして、サウジ原油の販売価格も他の原油のスポット価格も暴落した。30ドル以上だったスポット価格は、一時10ドル割れにまで下がったのである。

これが逆オイルショックと呼ばれる現象だ。これをきっかけに、石油会社は将来の石油製品価格を先物市場でヘッジするようになるのだが、これについては第三章で詳しく述べよう。

フォーミュラ価格

この結果、市場価格で販売していた非OPEC原油はまだしも、従来からGSPという固定価格で販売していた他のOPEC原油の輸出量が激減することとなった。サウジ以外のOPEC諸国は販売シェアを維持するために、値下げ販売を余儀なくされた。

パラの著書に基づけば、サウジのシェア奪回作戦成功を目の当たりにしたOPECは、1986年秋になってようやく改めて生産枠を設け、18ドルの固定価格（7種類の原油の平均価格）を基準価格として実現すべく協議を続け、1987年から表向きは固定価格の販売に戻った。だが、この間でも非OPEC原油は市場価格で販売されている。さらにサウジ原油の価格も、石油製品の市場価格に連動したネットバック方式だ。市場価格に連動した方式を経験してしまった石油会社は、固定価格への抵抗が極めて強くなっていた。

サウジも旧アラムコパートナーから「市場価格でなければ購入量を激減せざるを得ない」と要求されて、1987年9月、アメリカ向けの販売価格をアラスカ・ノーススロープ（ANS）原油の市場価格に連動する方式で販売することに合意した。その後、欧州向けにはブレント原油の市場価格に、アジア向けにはドバイ原油の市場価格に連動する方式を適用し、1988年第1四半期が終わるころには、他のOPEC諸国も同様の市場連動のフォーミュラ方式に変更して今日を迎えている、とある。

かくて約30年後の現在も使われている「指標原油に基づいた市場価格連動フォーミュラ」による販売が始まったのである。「市場の時代」の始まりである。

この「フォーミュラ価格」の仕組みについては第三章で詳しく解説するが、現在使われているものを簡単にいえば次のようになる。

日本向けのサウジ原油の価格は、船積みされる月の、中東産のドバイ原油とオマーン原油の平均価格に調整金を加減して決定される。

なぜ基準となる原油が二つあるかといえば、ドバイ原油の生産量が減少したため取引量が減少し、取引量が減少すると公正な市場価格の査定が困難になるという理由から、ドバイ原油に品質が類似していて生産地も近いオマーン原油が追加されたからだ。

このようにドバイ原油とオマーン原油が「指標原油」として採用されており、毎日の市場価格の平均をとることから「市場連動」となっている。また、最終的にいくらになるかは、市場価格が定まる事後でなければ判明しない。サウジ原油価格は、(ドバイ＋オマーン)×1／2±調整金となる。

2度のオイルショックによる石油消費量の減少と原油価格の高騰、こうした事情に伴って生じた非OPEC原油の低価格、それに対抗するためにとられたOPECの減産体制、そして、減産抜け駆けに反旗を翻した「ネットバック」方式によるサウジ原油の販売が「逆オイルショック」のトリガーとなり、価格決定権がOPECから市場に移ることとなったのだ。

ヤマニ更迭の波紋

この動きの陰で、1973年の第一次オイルショックで到来したOPECの時代以降、「ミスターOPEC」として、その一挙手一投足がメディアや消費国の注目を集めていたサウジのヤマニ石油相の周辺にも暗雲が立ち込めていた。非王族ながら石油相にまで上り詰めた彼の後ろ盾であった第4代ハリド国王が、1982年6月に逝去したのだ。

国王逝去と同時に、スデイリセブン(スデイリ家出身の母を持つ同腹のアブドラアジズ初代国王の7人の息子たち)の一人、ファハド皇太子が第5代国王として即位すると、「ヤマニ更迭」

の噂が流れたが、その時は生き延びた。だが、スデイリセブン出身のスルタン国防相、サルマン・リヤド州知事（現国王）などの有力者はファハド国王と組み、ヤマニの解任を周到に仕組んでいた。

新体制になってから4年後、１９８６年10月のＯＰＥＣ総会に出席中のヤマニに、ファハド国王は難問を突きつけた。価格を18ドルに固定し、サウジの生産割当を引き上げよ、という指示を出したのだ。

ヤマニはこれを拒否した。だが17日間続いた総会から帰国したヤマニを待ち受けていたのは、解任のニュースだった。しかも、帰国１週間後の水曜日、10月29日の夜に、サウジのテレビを通じて解任の報に接したのだった。

『ヤマニ―石油外交秘録』によると、ヤマニは解任に至る経緯などについては一切語っていない。スルタン国防相が１９８６年に行おうとした英国との軍用機１３２機のバーター取引（代金30～40億ポンドの一部は原油で支払う）を、ヤマニが「そんなに大量の原油が市場に出たら、価格に悪影響が出てくる」と反対したのが直接の引き金となった、という憶測もあるが、真相は闇の中だ。

当時は「ロイヤル・クルード（Royal Crude Oil）」といって、ＯＰＥＣ生産枠外の、プリンスたちが特別に扱える原油が存在していたといわれている。ロイヤル・クルードが大量に出回ると、サウジ国家のために油価下落を防御すべく、他のOPEC石油相との厳しい交渉を担当していたヤマニの努力も効を奏さない可能性がある。ヤマニがこの種の取引に反対したであろうことは容易に推測がつく。だが、このバーター取引により巨額の取扱手数料収入をもくろんでいた関係者グループから見ると、面白くなかったのであろう。

サウジ王室のまわりには、いつの時代も一切の光を通さない厚いカーテンが下ろされているようだ。

それは2016年の今日も同様だ。

サルマン国王の愛児として副皇太子に任じられ、国防相と経済開発協議会議長を兼任し、権力を一手に集めているモハマッド・ビン・サルマン王子（Mohammad bin Salman 皇太子がMohammad bin Nayef という名前のため、欧米メディアはこの副皇太子をMBS、皇太子をMBNと呼んでいる。本書でも以下、副皇太子をMBSとする）は、2016年4月25日、「ビジョン2030」と題する経済改革案を発表した。欧米のコンサルタントの協力を得て作成したと思われるこの「ビジョン2030」は、国営石油会社であるサウジアラムコを部分的に民営化して得られる資金をテコに、2兆ドル規模の国家資産ファンド（Sovereign Wealth Fund）を投資主体として石油以外の産業多様化・多角化を実現し、石油に依存しなくても繁栄する国家にサウジを変えようという、大胆かつ野心的な計画だ。

だが、1932年に独立した現在のサウジとは、超保守的なイスラム・ワッハーブ派の名家・シェイク家と「ダルイーヤの盟約」(1744年)を結ぶことによって、正統性を得たサウド家の支配する国である。メッカとメディナにあるイスラム教の「二つの聖なるモスクの守護者」としてのサウド家は、石油の富を国民に再分配することで、〝家父長的福祉国家〟的な統治を行ってきている。

「ビジョン2030」は経済改革案ではあるが、単に経済システムの変革にとどまらず、女性の社会進出やこれまでの福祉システムを変えることなど、国家の統治そのものの変革を必要とする。既得権益が脅かされることになる保守的な宗教界やステイリセブン以外の王族たちは、これをどのように受け止めているのだろうか。残念ながら有益な情報は、いっさい漏れてこない。MBSは第三世代のチャンピオンとして、王族長老たちの支持も得て、「ビジョン2030」を実行に移せるのだろうか。

ジャカルタの悲劇

ヤマニ解任から11年後、1997年12月初めに閉会した第103回OPEC総会は、「ジャカルタの悲劇」と呼ぶにまさに相応しいものだった。

同年7月のタイ通貨危機をきっかけとして世界景気が後退しはじめている中、OPECは需要動向を読み間違えたのだろう。ジャカルタで開催されたこの総会で、翌1998年1月から6月までの「生産上限」を2503万B/Dから2750万B/Dへと約10％も増やしてしまったのだ。需要の伸びが落ち込んでいる中で生産増を決議したことは、まさに自殺行為だった。

1997年11月、OPEC総会開催前には20ドル19セントだったNYMEXのWTI原油価格は、1998年2月には16ドル6セントに、その後も低迷をつづけたまま同年12月には11ドル35セントにまで暴落したのだ。年間平均価格も、1997年の20ドル61セントから1998年には15ドル97セントに、約23％も下落してしまった。

当時、三井物産のイラン現地法人に勤務していた筆者にとって、この出来事は今でも忘れられない事件である。少々個人的な思い入れが強いものになるが、当時のエピソードにお付き合い願いたい。

1979年に革命を成功させたイランは王制を廃し、シーア派最高位の大アヤトラ（マルジャエ・タクリード）の称号を持つウラマー（聖職者）、ホメイニ師を最高指導者として、シャリアと呼ばれるイスラム法に基いて統治する立憲共和制国家となった。1989年にホメイニ師が逝去した後は、弟子であったハメネイ師（大アヤトラではない）が最高指導者となり、聖職者で構成する護憲評議会がその下ですべてをコントロールする体制である。選挙で選ばれる大統領も国会も、全て最高指導者と護憲評議会が判断し、適用するイスラム法の統治下にある。

だが、選挙結果に表れる民意を、最高指導者も護憲評議会も完全に無視することはできない。革命から20年弱の1997年5月の選挙では、大方の予想を覆し、若者と女性の圧倒的支持を得た国立図書館長ハタミが大統領に当選した。保守派候補を2倍以上の票差で破った改革派大統領の誕生だった。

当時のイランは、イラン・イラク戦争が終わった1988年以降の放漫財政がたたって起きた債務不履行から、よろよろと立ち直ろうとしていたところだった。8年間も続いた戦争で耐乏生活をしいられていた国民を喜ばそうと、外貨コントロールを無防備に緩めてしまったため、とうとう債務不履行を起こしてしまったのだ。

当時の三井物産イラン現地法人は、邦人6人、イラン人三十余人のスタッフを抱えていたが、外貨不足で商社としての輸出入業務は停滞せざるを得ず、士気を維持するのが苦しい時期だった。

原油市場は、80年代半ばの「逆オイルショック」の痛手から立ち直りつつあった。石油消費量も1986年の6100万B/Dから97年には7404万B/Dへと、20%以上増えていた。WTI原油と共に代表的原油である北海ブレント原油の価格も、86年の14・43ドルから97年には19・09ドルに上昇していた。97年には378万B/Dの原油を生産していたイランにとって、原油価格の回復により、ようやく外貨不足から脱却できる見通しとなっていた。

イランに見えた変化の兆し

経済的には微かな明かりがきざし始めており、改革派の大統領が選出されてはいたが、街には「バシジ」と呼ばれる革命防衛隊の手先である民兵組織がパトロールしており、反イスラム的服装をしていると検束されるという重苦しさが漂っていた。外国人である我々はもちろん、イラン人にとっても検閲や盗聴、あるいは尾行や密告が日常的であり、抑圧的な社会情勢だった。

筆者は万が一を考えて、普段はカメラを持って歩かないことにしていた。軍事施設の写真を撮っているスパイだ、との濡れ衣を避けるための自衛策だった。

ある日、会社の邦人同僚の奥さんがスーパーマーケットで買い物をしていた時、女性の「バシジ」に目をつけられ、小部屋に連行されたことがあった。同僚の奥さんはイスラムの教義に則り、ヘジャブと呼ばれるスカーフとチャドルで髪も体型も隠していたので、なぜ別室に連れて行かれたのかわからなかった。乏しいイラン産商品しか置いていないスーパーで買い物をしていただけだ。

女性バシジが強い口調で非難したのは、長い真っ黒なチャドルと履いている靴の間から時々くるぶしが見える、反イスラム的だ、ということだった。陳列棚の上に手を伸ばした時にでも見えてしまったのだろうか。

イラン国内がそういう状況であった1997年8月末、日本の中東協力センターがウィーンで恒例の現地会議を開催した。イギリスのダイアナ元皇太子妃が交通事故で死去する直前、増産を決めたジャカルタでのOPEC総会の約3カ月前のことである。

中東協力センターとは、中東における産業、経済、通商の振興、発展に寄与することを目的として、第一次オイルショックの真っ只中の1973年10月に設立された経済産業省所管の一般財団法人である。

この年、輪番でイラン三井物産が現地の最新情勢について報告をすることとなっていた。代表して筆者がカントリーレポートを行った。

1時間ほどのレポートを「将来多くの人びとが、1997年はイランが劇的に変化した年として思い出すことになろう」と希望を込めて締めくくった。油価が回復しており、改革派のハタミ大統領が誕生している。ホメイニ師が痛罵した「悪魔の国」、アメリカとの関係改善も期待ができる。国内ではまだ監視体制がしかれていたが、筆者は心底、そう思っていた。

ところが、同年12月初めに閉会したOPEC総会は、減産か、悪くても「生産上限」横ばいで対応すべき情勢だったにもかかわらず、増産を決議したのだった。この増産が20ドルだった原油価格を11ドル台まで押し下げたことはすでに述べたとおりだ。

ジャカルタにおけるOPEC総会が終わってまもなく、テヘランでイスラム諸国会議機構(OIC、現在のイスラム協力機構)の会議が開催された。イスラム諸国の政治的連帯を強化することを目的に、3年に一度開催されている会議である。多くのイスラム国家首脳とともに、パレスチナのアラファト議長の姿も見られた。サウジからは病気のファハド国王の代理としてアブドッラー皇太子(後の第6代国王)が参加した。イランの改革派のハタミ大統領はこのOICを主宰し、高々とイスラムの結束を誇示した。1979年のイラン・イスラム革命以来、イランは「革命を輸出する」として、サウジを始めとする周囲のイスラム国家から孤立した状態にあった。だが、改革派のハタミ大統領が誕生したことで、各国の元首級がイランの首都テヘランで開催されたこのOICに揃って参加したのだ。イランが国際社会に受け入れられ始めた象徴的できごとであった。

だが、筆者がウィーンで行った報告の結論は、結局のところ、ジャカルタでの増産決定で油価は上がらず、イラン経済は停滞したままで保守強硬派の巻き返しがあり、残念ながら夢物語で終わってしまった。

あれから約20年たった2016年1月、核疑惑に基づく経済制裁が解除された。だが、アメリカとの国交回復への道はまだ遠く、原油価格は低迷したままだ。

夢物語の続きはいつ始まるのだろうか。

業界再編で乗り切る

さて、1997年の「ジャカルタの悲劇」は、筆者の個人的思い出を越えて、実はより大きな影響を石油業界にもたらした。

OPEC総会による増産決議で再び暴落した石油価格を見て業界は、1986年の逆オイルショックの影響からの脱却はしばらく無理だと予測した。この低価格はやがて、大手石油会社の合併による業界再編をもたらした。各社とも、このままでは生き残ることは困難だ、と判断したのだ。

当時BPの社長だったジョン・ブラウンは幹部社員200人に直接メールで「10ドルでも生き延びるために何をすべきか？」と問いかけた。具体的にどんな案が提示されたのかはわからない。だが、他社との合併、というアイデアもあったことだろう。

石油会社の企業価値評価で大事なものは、保有埋蔵量である。石油会社は、毎年保有埋蔵量からある数量を生産し、消費している。何もせずに生産だけを継続し、保有埋蔵量を減らすことは、当該期の決算にはいい影響を与えるが、その石油会社には「未来」がないことになる。持続的に成長するために、何がしかの方法で保有埋蔵量を追加しなければならない。この指標を埋蔵量の代替率（Reserve Replacement Ratio）といい、100％を下回ることは経営者として敗北を意味する。

埋蔵量を代替する王道は、探鉱を行って成功することである。地下の新たな埋蔵量を発見できれば、企業価値は大幅に向上する。

次善の策は、保有埋蔵量を持つ権益、あるいは会社をまるごと買収することである。

1987年にオハイオ・スタンダードの末裔であるソハイオを100％子会社にしていたBPは、1998年にインディアナ・スタンダードの末裔であるアモコを買収し（手続き完了は1999年）、さらに1999年、在カリフォルニアの有力石油会社アルコを吸収した（同じく2000年）。同年、潤滑油最大手のカストロールも傘下に収めた。

BPのアモコ買収に刺激されたエクソン（元ニュージャージー・スタンダード）は1999年にモービル（元ニューヨーク・スタンダード）を飲みこみ、世界最大級の石油会社となった。

1984年にガルフを合併していたシェブロン（元カリフォルニア・スタンダード）は、同年に独立系大手のゲティオイルを吸収していたテキサコを買収した。

「セブンシスターズ」を構成した7社の中で、ロイヤル・ダッチ／シェルだけがこの再編劇に参加しなかった。当時、同社にいた友人に聞いたところ、ロイヤル・ダッチとシェルは1907年に提携し、「二元上場会社」という独特の合弁事業を始めて以来、100年近くの間「合併交渉」を継続しているから、と笑っていた。埋蔵量を擬装した疑いをもたれたためトップ3人が辞任に追い込まれたという事件を起こした後、2005年に正式に合併している。

この結果、メジャーと呼ばれた「セブンシスターズ」は4社となり、今では「スーパーメジャー」と呼ばれている。4社に続く仏トタールは、ベルギー最大の石油会社ペトロフィナを買取り、自分たちより大きなライバルの仏エルフと合併し、今日を迎えている。

「ジャカルタの悲劇」によってもたらされた価格暴落は、大手国際石油会社の経営陣を深刻に悩ませ、生き残りをかけた業界再編成をもたらしたが、振り返ってみると、価格下落自体は予想外に短期間で終焉している。

たとえば1997年10月平均19・20ドルだったドバイ原油価格を99年2月には10ドルにまで押し下げたのだが、危機感を抱いたOPECは98年3月の総会で124・5万B/Dの減産に踏み切った。前年12月のジャカルタ総会の時の見通しの間違いを悟ったような素早い動きだった。さらに6月には125・5万B/Dの追加減産を合意した他、18・9万B/Dと、量としては少ないがノルウェー、メキシコなど非OPEC産油国の協調減産を引き出すことにも成功した。続いて99年3月には追加で171・6万B/Dの減産を合意し、非OPECも38・8万B/Dの協調減産で応じた。このように、約1年間でOPECが430万B/D強、非OPECも88万B/D強の協調減産を行ったことで、何とか1年あまりで24ドル（2000年平均）にまで価格を回復することができたのだ（「２００５小宮山論文」）。

これは、生産者側も石油会社側も共に原油価格の先行きに不安を抱き、それぞれの能力でできる対応を行った結果であろう。

さて、この項で述べた「ジャカルタの悲劇」とその後の展開は、２０１４年末から始まった今回の原油価格大暴落の今後の行方に、ひとつの示唆を与えてくれているようだ。もしスーパーメジャーや彼らに次ぐ事業規模を持つ大手国際石油会社が一致して、低迷している原油価格が「ニューノーマル（新常態）」だと判断するなら、再び業界大再編劇が始まるのではないだろうか。これまでのところ、前回再編劇に参加しなかったシェルが、２０１５年４月にＢＧを買収した（２０１６年２月手続き完了）以外には、大型の買収や合併は起こっていない。

リーマンショック、油価を振り返ると

原油市場ではこの後、２０００年代に入ってじわじわと価格が上昇していった。中国を始めとする新興国の強い需要に裏付けられたものだったことは、先に述べたとおりだ。そしてその過程で、２００８年秋のリーマンショックが起きた。１００ドル以上で推移していたＷＴＩ原油価格が、30ドル台まで落ち込むという価格暴落劇が引き起こされた。これが、２０１４年末からの今回の大暴落に先立つ、もっとも直近の事例である。

では、この暴落劇を振り返ってみることにしよう。

２００７年の夏ごろから、アメリカではサブプライム住宅ローンの不良債権化による不動産バブルがはじけ始めていた。

サブプライム住宅ローンとは、信用力の低い低所得者向けの、適用金利が一般よりは高い住宅ローンのことである。「サブプライム」とは、サブが「下位の、補助の」、プライムが「優秀な、もっとも重要な」という意味だから、金融界で使用されている「プライムレート（もっとも信用力の高い貸出先に対して適用される最優遇金利）」との対比で作られた、耳あたりの良い造語であろう。

サブプライム住宅ローンの導入により、住宅を購買できる階層が格段に広がったため、不動産バブルが発生していたのである。

問題をさらに深刻にしたのは、投資銀行が金融工学を駆使して格付けの低い債権を細分化し、さらにそれらを別の優良な債権との組み合わせを繰り返して証券化し、リスクの所在がどこにあるのか誰にもわからないデリバティブ（金融派生商品：債権や株式など本来の金融商品から派生したもの）として売りまくっていたことだ。多くの住宅金融専門会社が倒産して行く中で、２００８年9月15日、米国第4位の投資銀行であるリーマン・ブラザーズが約６０００億ドル（約64兆円）の負債を抱えて倒産した。

この史上最大の倒産は、世界連鎖的な金融危機をもたらし、世界を不況に落し入れた。それが、石油価格が高騰していたことで、すでに陰りをみせていた石油需要の伸びに急激なブレーキをかけることになったのだ。

この頃の石油消費量の推移を「BP統計集」でみると、2000年に7690万B/Dだった世界合計消費量は、2005年には年率で約2%増えて8441万B/Dとなり、2007年には年率約1・2%増の8674万B/Dとなっていた。だが、2008年には対前年比0・32%減の8612万B/Dと落ち込んでいたのだ。そして2009年には、さらに1・23%落ち込み、8507万B/Dとなっている。

一方、ブレント原油価格の推移を見てみると、1986年の逆オイルショックから約20年、「ジャカルタの悲劇」による1998年の急激な落ち込みを除くと、ほぼ20ドル前後で推移して来ており、30ドル台を回復したのはようやく2004年になってのことだった。

余剰生産能力という問題

すでに説明したように、1997年の「ジャカルタの悲劇」は原油価格の将来について、産油国にも大手国際石油会社にも極めて悲観的な見方をもたらした。しばらく原油価格は低迷したままだと信じられていたのだ。

このころ新規の石油開発への投資はまったく十分ではなかった。その結果、いわゆる「余剰生産能力」は減少していた。

「余剰生産能力」とは第一章で説明したように、短期間で実現できて、それからしばらくは維持が可能な増産能力のことである。

1973年の第一次オイルショックは、この余剰生産能力がほぼゼロの状態で発生した。逆オイルショックを経験した1980年代半ばにはおおむね600万〜1000万B／Dあったのだが、90年代には400万B／Dを下回り（「2005小宮山論文」）、2003〜08年は250万B／D以下（EIA, Energy & Financial Market Initiatives, May 5, 2011）という低水準で推移していた。

さらにこの間の中東情勢も原油価格に甚大なる影響を与えていたことを忘れてはならないだろう。

たとえば2001年9月11日の米国同時多発テロや2003年3月のイラク戦争によるフセイン政権の崩壊とその後の政治混乱、2002年1月に「悪の枢軸」とブッシュ（ジュニア）大統領が名指しで非難したイランなどが供給不安を市場にもたらしていた。

一方、1987年以来18年もの長い間、FRB（Federal Reserve Board 連邦準備制度理事会：アメリカの中央銀行にあたる）の議長を務めたグリーンスパンは、2001年に歴史的な低金利政策を実施し、広範な金融緩和を行った。巧みな弁舌により市場金利を望む水準に誘導するグリーンスパンは「金融界のマエストロ」と評されたが、彼がリーマンショックにつながる住宅バブルの張本人だと指摘する人も多い。

この金融緩和により、投資銀行や年金基金をはじめとする投資家たちは、インフレヘッジと利益を生み出すチャンスを求めて新たな投資先を探していた。そして折から新興国の需要増により上昇基調を見せていた原油先物市場に大量の資金が流れ込んでくることとなったのである。

100ドル台が続いていた

原油価格が毎月のように歴史的最高値を記録していた2005年3月、WTI原油が50ドル強で取引されている頃、投資銀行であるGSは、「近い将来105ドルまで上昇する」との見解を発表したが、NYMEXにおけるWTI原油の取引量も未決済取引残高も、この頃から急増しており（EIA "What drives crude oil prices?" Feb 9, 2016）、金融資金の大量流入があったことは間違いがない。

このようにいくつもの要因が重なり、原油価格はじわじわと上昇し、未知の世界へ突入していった。

この価格上昇の実態をあらわす年間平均価格の推移を米EIAのデータでみてみよう。米国

のWTI原油取引価格は、

2003年　31・08ドル
2004年　41・51ドル
2005年　56・64ドル
2006年　66・05ドル
2007年　72・34ドル

となっていた。100ドルの大台は、取引時間中としては2008年1月2日に一瞬だけ100ドルでの取引を記録し、終値としては同年2月19日の100・01ドルの記録がある。この勢いは衰えず、3月5日に104・52ドルで引けた後、夏のあいだ中100ドル以上で推移していた。

147・27ドルの史上最高値は2008年7月11日の取引時間中に一時的にマークした高値であり、通常、統計を取るときに使用している終値としての最高値は7月3日の145・29ドルだった。

平均でみてもNYMEXのWTI原油は、

08年7月平均　133・37ドル
08年8月平均　116・67ドル
08年9月平均　104・11ドル

と、いずれにしても100ドル以上で推移していた。

この年9月15日、月曜日、リーマン・ブラザーズは連邦破産法第11章（チャプター11）の適用を申請して破綻した。世界中が金融不安に襲われ、各地の株価は大幅に下落した。

たとえば日経平均は前週末金曜日の9月12日は、1万2214円で引けていたが、10月末には一時6000円台（6994・90円）にまで落ち込んだ。さらに相対的に安全だとみなされた日本円の買いが急増して円高を招来し、これが日本の株安に拍車をかけた。株価は終値では2009年3月10日7054円を記録し、円高はさらに長期にわたって進行、2011年3月には1ドル76円まで進んだことはまだ記憶に新しいところだ。

だが、2008年10月3日、米国政府は金融システムの崩壊を回避するために約7000億ドル（約75兆円）の公的資金注入を決定したため、1929年の世界大恐慌という悪夢の再来は免れた。リーマンショックの波は、アメリカを筆頭に海外市場への輸出依存の高い中国にも及んでいたため、中国政府は11月9日に4兆元（約56兆円）の財政出動による景気刺激策を発表した。

こうしてリーマンショックによる世界景気の悪化は、最悪に陥らずに済んだ。

米ＥＩＡの分析（"Energy and Financial Markets Overview:Crude Oil Price Formation" May 5, 2011）によると、原油市場と他の商品市場との連関性は２０００年代半ばから深まっていたが、株式・債券市場との連関性も２００８年から強まっているとのことだ。

リーマンショックにより株式・債券市場が激動に見舞われたころ、原油市場がどのように反応したのか、さらに細かくＷＴＩ原油価格の動きから見てみよう。

リーマン破綻が伝えられた２００８年９月15日、ＮＹＭＥＸのＷＴＩ原油は高値１０１・１９ドル、安値94ドルをつけ、９５・７１ドルで引けている。この段階ではまだ需要が減退するのではないかという不安はみられない。

終値の推移を見ると、取引時間中１３０ドルの高値をつけた９月22日は１０４・９７ドルであり、９月末も９５・４１ドルだった。だが10月末６７・８１ドル、11月末５４・４３ドルと下落を続け、12月19日に３３・８７ドルと年内最安値で引けた後、２００８年は４４・６０ドルで引け、新年を迎えることとなった。

このように、リーマン破綻の報から１～２カ月すると原油市場でも、世界不況の影響が石油需要を減退させるのではないかとの見方が広がり、WTI原油価格は下落し始めていた。7月中旬に147・24ドルの史上最高値をつけてから5カ月後の12月中旬には、33・87ドルにまで落ち込んでしまったのだ。ピンポイント同士を比べると、77％もの暴落であった。

OPECの素早い対応

OPECもリーマンショックには減産という行為によって素早く対応した。2008年11月から150万B/D、さらに2009年1月からは追加で270万B/Dの減産を決定した。合計420万B/Dの減産は、1998年の「ジャカルタの悲劇」後の対応を彷彿とさせる。

なおこの頃には既に各国別の「生産枠」という概念は放棄されており、OPEC全体としての「生産上限」のみが総会のたびに決議されるようになっていた。

OPECの減産という行為によって、リーマンショックによる世界景気後退がもたらすであろう需要減に対し、供給量も抑えられるとの見方が広がった。これは原油市場に良い結果をもたらした。

リーマンショックから年が明けた2009年以降のWTI原油価格の推移を見ると、1月末の終値は41・68ドル、2月には一度落ち込み、12日に33・86ドルという終値を記録しているが、以降は順調に回復し、2月末44・76ドル、3月末49・66ドル、4月末には

51・12ドルと、50ドル台に戻っている。以降は70ドル前後で推移し、2009年12月末は79・36ドルと、ほぼ80ドルで次の新年を迎えることとなった。

第三章　石油価格は誰が決めているか

OPECとセブンシスターズが裏取引？

ここまで2016年が明けてからの石油価格大暴落と、過去の暴落の歴史について説明してきたが、石油価格がどうやって決まるのかについて、一般の人々には大きな誤解があるようだ。

それに気がつかされたのは、『石油の「埋蔵量」は誰が決めるのか？』という初めての著書を出版した直後のことであった。あるビジネス誌が同書の紹介記事を書いてくれるというので、インタビューを受けた。2014年10月のことである。今にして思えば、石油価格大暴落の前夜とでもいうべき時期にあたっていた。

どういう経緯だったのかは覚えていないが、インタビュアーから「今でも石油の価格は、OPECとセブンシスターズが裏で話し合って決めているんでしょう？」という発言が飛び出したのだ。

筆者は驚いた。

そうなのか？　本当に世の中の多くの人は、いまだにオバQのような装束に身を包んだアラブの人たちがより集まって、ヒソヒソ声で相談をして石油価格を決めている、またそれに欧米の巨大石油資本が対抗するようにさまざまな手練手管をくだし、時にはOPECと裏取引をして、そうして石油価格が最終的に決まる、と思っているのだろうか。いずれにせよ石油価格は、我々日本人のあずかり知らないところで決められているのだ、と思っているのか！

第二章で、過去の石油価格の暴落事例を振り返りながら、それぞれの時代の石油価格を決めているのは誰か、つまり価格支配権者の変遷についても説明したが、１９８６年のいわゆる「逆オイルショック」以来、現在に至るまで、石油価格を決めているのはＯＰＥＣでもセブンシスターズでもなく、「市場」なのである。

では「市場」とは何だろうか。

「市場」と聞いて、読者のみなさんは何を思い浮かべるだろうか。

東京在住の方なら、築地の魚河岸場外市場や上野のアメヤ横丁だろうか。あるいは京都の台所、錦市場や、函館の魚市場を思い浮かべる人もいるだろう。

このように「しじょう」とも「いちば」とも読む「市場」とは、多くの店が軒を並べ、買い物客が今日は何を買おうかと列をなしている場所。道行く客にお店の人が声をかけ、客がお店の人に品物の良し悪しについて質問をしている場面。活気が、いや喧騒が渦巻くところ、といったところであろう。

石油の価格を決めている「市場」もまた、原理としてはまったく同じものなのである。様相が違うのは、ＩＴ技術の発達により、より公平に、より早く、より正確に取引ができるように、ほとんどの「市場」が電子取引になっており、人の顔が見えないところである。

我々が買い物をする「市場」では、通常目の前にある品物を、現金を払って受け取る。いわゆる「現物取引」である。

ところが経済活動の高度化に伴い、いま目の前にある品物ではなく、将来生産されて販売される品物も売買する必要が出てきた。品物の受け渡しをする時期が「今」ではなく「将来」であるため、この取引を広義の「先物取引」という。

市場を動かす「先物取引」

世界の「先物取引」の発祥を振り返ると、17世紀初めのオランダで起こったチューリップバブルにまで遡る。

当時、世界経済の中心であったオランダの金持ちたちが道楽で始めた海外産チューリップの先物取引に、庶民も参加し、金儲けゲームの末路としてバブルがはじけたのだった。

だが、このオランダのチューリップ先物取引は、我々がお店で買い物をするのと同じように、売主と買主が直接、顔を見ながら相対して行う取引、すなわち関係者間の「相対《あいたい》取引」だった。いわゆる先物市場、あるいは先物取引所という公的な機関が関与した取引ではなかった。

バブルがはじけ、多くの「けが人」を出し、チューリップの先物取引ブームは消え去った。

先物取引の安全性を保証する政府のお墨付きを得た公式の「取引所」の発祥は、大坂の堂島にあった「米会所」を嚆矢とする。時は享保15年、1730年のことである。

税金である年貢を米で徴収していた江戸時代の大名たちは、秋にならないと判然としない「税収」を、春のうちに確定させたいと思っていた。そこで出入りの大坂商人たちが知恵を出し合って始めたのが米会所である。大坂商人たちも大名たちに多大な貸付けを行っていたので、大名家の財政の健全化は彼らにとっても大事なものだったのだ。

さて、「現物取引」と「先物取引」の違いがわかったところで、石油の「先物価格」について説明しよう。

多くの読者が耳にし、目にする石油価格とは、先物市場で取引されている原油価格である。先物なので、受渡しする時期が近いものから遠いものまで、いくつもある。受け渡しは「月」単位で行われる。マスコミが通常報道するのは一番近い月、期近の月に受渡しされるものの価格である。取引所にはそれぞれ独自の規則があり一様ではないが、たとえば2016年6月20日の報道であれば、次の項で説明する代表的な先物市場、NYMEXのWTI原油は7月受渡し（但し、2016年7月受渡しは6月21日が最終取引日で、6月22日から8月受渡しになる）、ICEのブレント原油は8月受渡しである。

期近月のことを英語ではFront Monthという。

ちなみに先物取引業界では「限月」という表現がある。だが一般には理解し難いので、ここでは「受渡し月」という表現を使う。「限月」を和英辞典で引いてみると「Contract Month, Delivery Month」となっているから、間違いではないであろう。「契約の定めにより商品の受渡しをする月」のことである。

日本のマスコミが報道しているのも、ほとんどが前の日の先物市場で取引された期近月の取引価格のうち「終値」と呼ばれる、取引終了時の価格である。我々が「昨日の石油価格は下がったね。××ドルだったね」という場合も、この「終値」なのだ。

まずは、石油価格を決めている「市場」とは、これら「先物市場」を指すと念頭においていただきたい。

NYMEXとICE

では「先物市場」とは何か。

教科書どおりの説明をすれば、取引の安全性が公的に保証されている先物取引所のことを「先物市場」という。

先物市場もたくさんある。世の中への影響力という観点で考えると、アメリカ国産のWTI原油を上場しているNYMEXと、北海産ブレント（Brent）原油を上場している、イギリス発祥のIPE（International Petroleum Exchange）を買収し、今では電子取引に特化したI

CEが重要だろう。

ＮＹＭＥＸのＷＴＩ原油もＩＣＥのブレント原油も、単純な先物商品だけでもそれぞれ毎日10億バレル程度の量が取引されている。世界全体の石油の生産量が約８８６７万B／D（２０１４年実績「ＢＰ統計集２０１５」）だから、それぞれ世界全体の原油生産量の10倍以上の取引量になる。これとは別に、スプレッド（たとえばＷＴＩとブレントの「価格差」）とか、オプション（たとえば「コール」と呼ばれる先物を買う権利）というような特殊な商品もあるし、ガソリンや暖房油などの石油製品も取引されている。これはもはや、少数の参加者が悪意をもってマーケットを動かせる取引量ではない。

ＮＹＭＥＸのＷＴＩ原油もＩＣＥのブレント原油も、ほとんどの取引が売買の契約数量を合わせることにより精算されるが、現物を受け渡しすることも可能だ。ＷＴＩ原油はオクラホマ州のクッシングというパイプラインの集結地で受渡しがなされる。ブレント原油は、ＥＦＰ(Exchange of Futures for Physical）という手法によって現物の受渡しができるが、非常に専門的な話なので、ここでは省略する。

共に米ドル建て、１０００バレルが1取引単位である。

この「ドル建て」、「バレル単位」という点は重要だ。「いい」「悪い」ではなく、現実問題として取引が「グローバル」に行われるためには、市場参加者が世界のどこにいても取引内容をすぐに理解し、他の商品との比較ができることが大事なのだ。

日本の東京商品取引所では、中東原油を円建て、50キロリットル（約315バレル）を1単位として取引されている。円建てとキロリットル単位では、海外の業界関係者は取引情報をすぐには理解できないし、たとえばWTI原油やブレント原油との価格差をすぐに比較、評価することもできない。東京という地理的な制約に加え、NYMEXもICEも電子取引でほぼ24時間取引が可能になっている現状を考えると、極めてローカルな存在に留まり、世界的影響力はほぼないと言わざるを得ない。

東京商品取引所が発表しているところによると、2003年に3億6200万キロリットル（約950万B/D）だった中東原油の取引量はその後右肩下がりで減少し、2014年には8800万キロリットル（約230万B/D）にまで減少した（2015年3月27日付経済産業省宛「平成26年度石油産業体制等調査研究関連〈エネルギー商品先物市場の実態〉報告書」）。だが、原油価格が大暴落した後、人気を取り戻し、経産省のHPによると、2016年1月の取引は2カ月連続最高を記録して70万枚（1枚は50キロリットル）を超えたが、これは概算すると1200万B/D程度となる。2014年の約230万B/Dから急増しているが、これでもNYMEXやICEの約1%である。

極論を恐れずに言えば、現在石油価格を決めている「市場」とは、NYMEXであり、IC

Eなのである。

ではNYMEXなりICEに誰か独裁者がいて、「はい、今日の原油価格は××ドル」と指示しているのだろうか。それが翌日、新聞で報道されるのだろうか。

あるいは、OPECとセブンシスターズが取引所の秘密の会議室に集まって、「今日は××ドルにしようぜ」と話し合い、それが表に出てくるのだろうか？

いや、そんなことはありえないだろう。

では価格を決めている「市場」は誰が動かしているのだろうか。

株式市場と比べると

ここで、比較的みなさんになじみのある株式市場との対比で原油の先物市場について考えてみることにしよう。

株式市場で取引される商品とは個別の株式会社の「株式」だが、NYMEXやICEの先物取引商品では「WTI原油」や「ブレント原油」という原油が対象である。さらに、すでに説明したように、各種の石油製品や、WTI原油とブレント原油の価格差である「WTIとブレントのスプレッド」だとか、あるいはそれぞれの商品のオプション（「売る権利」あるいは「買う権利」）なども上場されている。市場参加者のニーズに基づき、多種多様な商品が上場されている。

ここでは原油の先物に絞って説明を続ける。

では、その原油の価格はどうやって決まるのだろうか。

たとえば株価は、株式を買いたい人と売りたい人との思惑が一致し、売買が成立した時に確定する。原油価格も原理は同じだ。

実際の株式の売買は、株式市場で取引を行うことが認められた証券会社を通して行う。AさんとBさんという個人同士が直接売買するわけではない。証券会社を通して、株式市場で行われるのである。

原油の場合も、一般の人はNYMEXやICEでの取引資格をもっている会員（会員となっている法人の場合が多い）を通して取引を行う。

取引所ごとに上場されている商品、取引可能時間、取引単位、取引成立後の代金支払い条件などが詳細に決められているのは、株式市場も原油先物市場も同様である。証券会社や取引仲介会社に口座を開設すれば、誰でもが簡単に参入できる。参入障壁は極めて低くなっている。

「商品化」をもたらした先物市場

原理はおわかりいただけただろうから、次に原油の先物市場での実際の取引について解説しよう。

すでに1978年から暖房油（Heating Oil）の先物取引を開始していたNYMEXがWTI原油を上場したのは、1983年3月のことである。1986年の逆オイルショックを契機に、価格下落をヘッジする目的で参加する人が増え、その結果取引量が急増し、このころから原油も「商品化」した、と言われるようになった。

NYMEXは暖房油取引の実態も踏まえて商品設計を行い、多くの人が参加できるようにWTI原油の取引単位を1000バレルとした。当時の原油価格は1バレル30ドルくらいだったので、取引単位が1000バレルなら最低3万ドルあれば取引できる。一般の原油取引では取引単位が50〜60万バレルだったから、最低でも1500万〜1800万ドル必要だった。これでは資金力のある業界関係者以外、参加することは容易ではない。

また全ての条件を定型化したので、商品の品質や業界常識など何も知らなくても、誰でもが参加できるようになった。現物を必要としない業界外の参加者は、売買の数量を同一にすることにより取引を精算できるから、現物を受渡しする義務もなくなる。代金支払いを含め契約履行の責任は取引所が取るので、当事者同士が直接行う相対取引のように、取引相手の信用力（契約履行能力、支払い能力の有無など）を自分で調べ、判断し、責任を取る必要もない。

このようにしてNYMEXのWTI原油という商品は、株の取引と同じように誰でもが容易に売買に参加できる商品、「一般商品（Commodity）」になった。

先物取引では、買いたい時に買える、売りたい時に売れることが重要である。これを流動性（Liquidity）といい、流動性が高い市場でないと、多くの人が利用する意味を見出さないものである。

湾岸戦争で流動性が高まった

次のようなＩＰＥにおけるブレント原油上場の経緯を見ると、このことがよくわかるだろう。ＮＹＭＥＸがＷＴＩ原油を上場したのと同じ１９８３年、ロンドンにあったＩＰＥがブレント原油を上場した。だが、なかなか流動性を増やせず、長いあいだ閑古鳥が鳴いていた。ＩＰＥが離陸できたのは、湾岸戦争が起こった１９９０年になってからである。

上場当初、ＩＰＥはブレント原油の取引単位を１０００バレル、決済通貨を米ドルとし、ブレント原油の積出基地であるサランボー港のタンクかロッテルダムのタンクで受渡す条件とした。ほとんどＮＹＭＥＸのＷＴＩ原油と同様の条件だ。

だが、業界関係者にとっては、パイプラインではなく原油タンクからタンカーへの受渡しには、１０００バレルという単位は非現実的だった上に、「ブレント原油15日もの」と呼ばれる先渡市場がすでに存在していたので、「現物の受渡し」を目的とした取引という意味では、Ｉ

PEのブレント原油先物は必要のないものだった。

先渡市場とは、受渡しが二〜三カ月のものを、公的な先物市場を通さずに相対取引で行う、仲間内の取引空間である。いわば「ブレントクラブ」とでもいうべき仲間内での取引で、相手方が契約を履行すること、および代金を支払うことのリスクを負いながら取引を行っていたものだ。取引単位が60万バレルなので、1取引あたり約1800万ドルの商売である。

またIPEには、NYMEXで活躍し、流動性を高める役割を担った「ローカルズ」と呼ばれるデイトレーダーが存在していなかったため、流動性に乏しく、業界外の人たちが参加したくても、取引相手が存在しなかった。

筆者は1980年代末、NYMEXとIPEの現場視察を行った経験がある。そのときは両方の市場とも「オープン・クライ（Open Cry）方式」と呼ばれる、取引フロアにトレーダーたちが集まり、大声で売り買いの注文を出し合って、合致すると取引が成立する、というやり方をしていた。筆者たちが現場にいた30分程の間、NYMEXは喧騒そのもののお祭り騒ぎだったが、IPEでは、声を挙げて注文を出すトレーダーが一人もおらず、閑散としていた。「流動性」という「概念」が可視化できた経験だった。

IPEはその後、何度か商品設計を変更し、現物の受渡しをまったく必要としない、差金決済のみの条件とした。

そして1990年8月、湾岸戦争が勃発し、時々刻々と変動する中東情勢に対応してヘッジを行おうとした人たちがニューヨークNYMEXの取引開始を待てないという状況が発生した。彼らは5時間早く始まるロンドンIPEをヘッジの場として利用したのだ。おかげで取引量が急激に膨らみ、IPEの流動性も高まることとなったのだった。

ここでもう一つエピソードを紹介しよう。

1980年代半ば、筆者は三井物産のロンドン支店に勤務していて、オイル・トレードにも従事していた。必然的に現地のオイル・トレーダーたちと付き合っていた。

1983年にNYMEXにWTIが上場され、その後取引規模が拡大してくると、周囲のオイル・トレーダーたちは「医者や弁護士がマーケットに参加してきた」と言っていた。石油業界のことは商品知識も業界常識も知らず、個人的には一切縁がないのだが、小金をもっている人たちが先物市場を通じてオイル・トレードに参画してきた、という意味だった。

先物市場の参加者たち

NYMEXにWTI原油が1983年に上場されてから30年以上が経った。同じ年にIPEにブレント原油が上場され、何度かの商品設計変更ののち、1990年の湾岸戦争を契機としてNYMEXのWTI原油と並ぶ取引規模となった。こちらは二十数年の歴史だ。

ＩＰＥは、さらに２００１年にアメリカ人実業家に買収され、株主にシェル、ＢＰ、トタールなどの大手国際石油会社や、ドイツ銀行、ＧＳ、モルガン・スタンレーなどを加えてＩＣＥとなり、２００５年にはすべて電子取引となった。

ＮＹＭＥＸもまた、２００８年にはＣＭＥ（Chicago Mercantile Exchange）の傘下に入り、立会場取引は残しつつ主力は電子取引となって今日を迎えている。

この間、市場参加者たちも増え、多様化し、第一章で紹介した米ＥＩＡ報告にあるように、石油を現物として取り扱う実需グループ以外に、各種の金融機関関係者が非実需グループとして参加するようになっている。

忘れてはならないのが、私人間、私企業間の取引であるため、誰にも報告する義務のない相対取引が多数存在していることだ。たとえば日本の石油会社がサウジアラムコと長期契約を結んで原油を購入する場合、この取引は役所を含む第三者の誰にも報告をする義務はない。だが、石油会社は、この原油購入契約の価格ヘッジのためにＮＹＭＥＸやＩＣＥを利用しているかもしれず、こちらの先物取引は形を変えて監督官庁に報告されている。

第一章で紹介したように、ＣＦＴＣにより実需グループに区分されているスワップ・ディーラーたちは、石油会社や航空会社、あるいは他の機関投資家と行っている相対取引の反対取引をヘッジしているのである。

このように、NYMEXやICEの先物取引だけでは、世界全体の石油取引の全貌を把握することは困難なのである。少なくとも言えることは、今日の先物市場での取引規模は、為替市場には及びもつかないが、ある特定の企業なりグループが、悪意をもって相場操作を長期間行うことはできないほどに大きくなっている、ということである。

中東における紛争やテロ活動などにより市場が大きく上がったり下がったりすると、必ずといっていいほど出てくるのが「投機筋が相場を操っている」という非難の声である。石油業界に関係のないギャンブラーたちが、金儲けのためにマネーゲームを仕掛け、実需とは関係のないところで石油価格が決められている、不健全だ、という主張だ。だが既に述べた実態から、長く業界に関係している筆者には、この主張は説得力のある指摘には聞こえない。市場における原油価格は、諸々の政治的、経済的要因などを総合的に勘案して、取引を行っている市場参加者たちが決めているのである。

もし読者のあなたが直接、あるいは投資信託などを通して間接的に市場に参加しているなら、あなたもまた原油価格を決めているのである。

サウジアラムコの販売価格

では、産油国政府はどのようにして自分たちの原油の販売価格を決定しているのだろうか。

これまで述べてきた「市場が決めている」ということと、どのような関係にあるのだろうか？

ここで日本の石油会社が長期契約で購入しているサウジ原油の価格を例に、「価格は市場が決めている」ことの具体的な意味を示そう。

サウジ政府は、かつてアメリカのメジャー4社が持っていたアラムコ（Aramco, Arabian-American Oil Company）を、１９７３年の第一次オイルショックをきっかけに、徐々に事業参加の形で経営権の取得を図り、１９８０年にすべてを買い取って完全国有化した。社名をサウジアラムコ（Saudi Aramco, Saudi Arabian Oil Company）に変更し、爾来、サウジの石油・天然ガス事業のすべてを担う会社となっている。サウジ原油の輸出は、すべてサウジアラムコにより販売されている。

今でも「サウジにはアメリカの石油利権があるから」と思い込んでいる人が多いようだが、残念ながらそれは大きな誤解だ。サウジアラムコは１００％、サウジ国家の会社である。

また２０１６年1月初旬に副皇太子のＭＢＳが、英「エコノミスト」誌のインタビューで「サウジアラムコのＩＰＯ（新規公開株の発売）」に言及し、その後「ビジョン２０３０」の中核として部分民営化（5％未満）を挙げて話題になっているように、同社は世界最大級の民間石油会社であるエクソンモービルの、10倍以上の原油の確認埋蔵量を保有する世界最大の石油会社なのである。

そのサウジアラムコは、日本向けを含むすべての顧客に対し、長期契約で原油を販売している。長期契約の場合の価格条件は、原油をタンカー（石油運搬船）に積んで受け渡しをする月、いわゆる船積月の「ドバイ原油とオマーン原油の平均価格」プラスマイナスいくらの調整金で表される。

指標となっている「ドバイ原油およびオマーン原油の平均価格」とは、100年以上の歴史を持つ石油業界の有力業界紙「プラッツ（Platts）」が毎日公示しているドバイ原油およびオマーン原油の指標原油価格（Benchmark Crude Oil Price）から算出される。「プラッツ」は、市場価格（Market Price）を調査して指標原油価格を発表しているので、指標原油価格とは市場価格そのものなのである。

「プラス、あるいはマイナスいくらの調整金（以下、調整金）」は、売主であるサウジアラムコが、船積月の前月に顧客に通知してくるプレミアムあるいはディスカウントである。この調整金は、売主であるサウジアラムコが決定している。

とは言え、勝手に言い値をつけているわけではなく、毎月市場の動向を調査し、たとえば石油製品価格との比較において高すぎるのか安すぎるのか、他の原油と比べて競争力があるか、あるいは前月は高すぎたのか、今月はたくさん売りたいのか、などを総合的に勘案して算出しているため、政治的な意図が入る余地はない。

調整金がいかに公平、客観的に決められているのかは、サウジアラムコの日本法人に長く勤め、調整金算出作業に従事した経験のあるオイルアナリストの藤沢治氏も、２０１４年12月25日にインターネット放送「言論アリーナ」で放映された「原油価格急落　アベノミクスはどうなる？　プロが分析する２０１５年のエネルギー」で述べていた。

この調整金がいくらかは船積前に顧客に通知されるが、指標原油価格である「ドバイ原油およびオマーン原油の船積月平均価格」の方は市場価格から算出されるため、当然のことながら事後にしかわからない。つまり、売主であるサウジアラムコも買主である日本の石油会社も、両者が売買を行い、受渡しをする原油の価格がいくらになるかは、後になってみないとわからないのである。

このような「指標原油価格プラス・マイナス調整金」の価格決定方式を「フォーミュラ価格」方式という。

１９８６年の逆オイルショック以降、産油国が長期契約で販売する原油は、サウジ原油以外でも多くがこの「フォーミュラ価格」方式になっている。アジア向け、西欧向け、アメリカ向けなど、販売先の地域により、使用する指標原油は異なるが、販売価格は市場価格の変動にリンクしたものになっているのである。

また、「フォーミュラ価格」方式を採用せず、自らの判断によって長期契約販売価格を決めているところも、市場価格を参考にして決定している。さもなければ、顧客からそっぽを向かれてしまうからだ。

結局のところ、産油国が自国産の原油を販売する価格を自分で決められるわけではない。すべての原油は「フォーミュラ価格」方式のように、市場価格に連動した価格で売られている。これが、価格は市場が決めている、ということの実態なのである。

業界紙「プラッツ」の役割

ここまで読んで、読者の皆さんの中には、有力業界紙「プラッツ」が公示しているドバイ原油やオマーン原油の指標原油価格に何かカラクリがあるのではないか、と疑う方がいるかもしれない。そこで次に、公示している指標原油価格の透明性を保つように、「プラッツ」が尽力している様子がうかがえるエピソードを紹介しよう。

２０１４年11月末のＯＰＥＣ総会以来、落ち込んでいた原油価格が60ドル前後である程度の安定を示していた２０１５年５月初旬、イギリスの日刊経済紙「フィナンシャル・タイムズFinancial Times（以下、ＦＴ）」電子版に興味深いニュースが掲載された。“Jorge Montepeque, architect of oil-pricing system, to leave Platts” (6 May 2015) という記事である。

「プラッツ」は、もともとアメリカ人ジャーナリストであるウォレン・プラッツが１９０９年に、拡大を続けている石油業界に透明性の高い業界関連情報を等しく提供することを目的として発行した月刊情報誌「ナショナル・ペトロリアム・ニュース（National Petroleum News）」を起源とする。当時は、19世紀末に情報を独占することで他社を圧迫し、吸収合併を繰り返しては圧倒的な市場占有率を誇っていたロックフェラーのスタンダードに対し、新興の独立系石油業者がテキサス州などで新油田を発見し、果敢に戦いを挑んでいた時期である。なおスタンダードが独禁法違反で解体されるのは「ナショナル・ペトロリアム・ニュース」創刊の2年後、1911年のことだ。

1923年には日刊紙となり、アメリカ国内の日々の石油価格情報や業界関連ニュースを報じるようになった。当時はまだ、アメリカが世界の半分以上の原油を生産していた。

1973年の第一次オイルショック以降は、世界の原油や石油製品、あるいは石油化学、天然ガス、LNG、電力、金属などの市場価格も発表するようになった。今でも「アーガス（Argus）」誌と並ぶ屈指の石油業界紙である。

1953年にはニューヨークに本社を置く、出版情報サービス会社マグロウヒルの傘下に入り、今では電子媒体として契約読者に配布されている。筆者もオイル・トレードの現役時代は、紙媒体の「プラッツ・オイルグラム」を日常的に読んでいた。

1983年3月にNYMEXがWTI原油を上場する前は、「プラッツ」や「アーガス」が報じる、業界における取引情報とその日の市況情報のみが、原油価格を客観的に知る唯一の方法だった。

特に1986年の逆オイルショック以降は、産油国が自国産原油を長期契約で販売する場合、価格を「プラッツ」などが報じる指標原油の市況に連動した「フォーミュラ価格」方式にしたため、これら価格情報が掲載されている業界紙誌の役割はさらに重要になった。「プラッツ」などは、より公平で客観的な価格情報を収集し、分析し、毎日「公示」できるようにさまざまな努力を行っていた。

石油価格に透明性を与えた男

先のFT記事は、「価格設定システムの構築者（architect of oil-pricing system)」であるホルヘ・モンテペケ（Jorge Montepeque）が「プラッツ」を退社することになったことを伝えると同時に、彼がどのようにして、それまで不透明であった世界の石油市場に、透明性を持った価格設定システムを構築したのか、という普段はあまり目にしないストーリーを伝えてくれている。

ホルヘが構築した価格設定システムを「プラッツ」は、今から20年以上も前の1992年にまずアジア市場に導入し、続いて2002年にヨーロッパ市場に、そして2006年にはアメリカ市場にも導入した。これで世界の主要マーケットをすべてカバーすることになった。

彼が構築したのは「市場終了時市況（market-on-close）」システムと呼ばれている。

これは、営業終了時間前の30分間に、正確に言えばアジア市場ならシンガポールの16時から16時半の間に、「プラッツ」が認めた大手国際石油会社、大手オイル・トレーダーたちが、それぞれの商品、たとえばドバイ原油の売値および買値を、NYMEXとICEとも関係がない「プラッツ」が運営する電子市場に、提示する仕組みのことだ。もしA社の売値とB社の買値が合致した場合は、両社はその値段で取引をしなければならない。いわゆる「冷やかし」組の価格提示を避けるためだ。ちなみにオイル・トレーダーたちは「プラッツ」に情報を提供するこの30分間のことを「プラッツ・タイム」と呼んでいる。さぁ、「プラッツ」に連絡する時間だぞ、というわけだ。

たとえば翌々月受け渡しのドバイ原油を、A社は売値50ドル5セント、買値50ドルと提示し、B社が売値50ドル、買値49ドル95セントで提示した場合には、A社はB社から50ドルで買わなければならない、というわけだ。もし、どちらかがこの約束を履行しないなど「プラッツ」の判断で相応しくない行動があった場合、「プラッツ」はその会社に「ボクシング（Boxing）」と呼ばれるペナルティを課すことができる。ボクシングを課されたトレーダーたちは一定の期間、「プラッツ」が運営する電子市場で取引ができなくなる。トレーダーたちにはこのボクシングを拒否する権利はない。一方で「プラッツ」は、いくつもの提示された売値および買値情報から、自らの判断で指標原油価格を評価し、公表する権利を有する。

業界の擬似管理当局としてホルへは、「プラッツ」の価格設定システムの公正さを維持するためには業界の有力なトレーダーたちと喧嘩することも厭わなかった。たとえばリーマンショックによる金融危機の何カ月か前には、オイル・トレード部門を抱えていた投資銀行モルガン・スタンレーやリーマン・ブラザーズにボクシングのペナルティを課し、「プラッツ」の電子市場での取引を禁止したこともあった。また、北海産のブレント原油の価格設定方法をめぐって、BPやシェルのトレーダーたちとやりあったこともある。

「市場終了時市況」システムは「プラッツ」にとっても有用なものだった。それまで「プラッツ」は取材して得られる限られた取引情報などに基づいて自らの判断で評価し、「指標原油価格」を公表していたのだが、「市場終了時市況」システムにより、これまで以上に多くの価格情報を集めることができるようになり、それらを分析した上で、より透明性の高い「指標原油価格」を公示できるようになったのだ。結果的に「プラッツ」に対する信頼性を高めることに大いに役に立った。

FTの記事は、石油業界にはこの「プラッツ」の「市場終了時市況」システムを「支持する人が多い」と伝えている。

原油価格も重要だが、取引量が少ない石油化学製品、あるいは地域によっては品質が微妙に異なる石油製品などを取引しているトレーダーにとっては、「プラッツ」が毎日公示している市況価格のみが、売り手および買い手が信頼しうる第三者による価格情報だからだ。「プラッツ」の価格設定システムの信頼性の向上により、業界における取引はより円滑になっていると評価されている。

このようにして作り上げられ、絶えず改善の努力がなされている「プラッツ」発表の指標原油価格を、多くの産油国国営石油が原油長期販売契約の「価格フォーミュラ」で利用しているのである。

指標原油が異なるのは

たとえば、サウジの国営石油・サウジアラムコが販売するサウジ原油は、すべての販売地域向けに「価格フォーミュラ」を設定しているが、販売地域によって指標として使う原油を変えている。顧客への公平性を維持するために、それぞれの地域での代表的な原油を指標原油として使用しているのだ。顧客の側からみれば、他の原油との競争力の有無を判断できるので、この地域ごとに異なる指標原油価格を使用することは有益なのだ。

サウジ原油のアジア向けは「プラッツ」が公示するドバイ原油とオマーン原油の船積月の月

中平均価格に調整金（プレミアムあるいはディスカウント）を加減する仕組みとしている。同じくヨーロッパ向けは北海ブレント原油の「プラッツ」公示の指標価格がベースとなっている。

またアメリカ向けは、2010年1月から指標となる原油がWTIから、他の国産原油に変更された。WTIは軽質油なので、サウジ原油に性状が近いメキシコ湾産3原油（マーズ原油、ポセイドン原油、サザン・グリーン・キャニオン原油）のバスケットASCI（Argus Sour Crude Index アーガスサワー原油インデックス）を使用することになった。ただし、アメリカ向けは「プラッツ」ではなく、同業他社である「アーガス」が公示している指標原油価格を使用している。

「プラッツ」と「アーガス」では、市場価格の評価方法が異なるので、同じ原油であっても若干異なった価格が公示されることが多いが、ここでは細かい説明は省略する。

要は、産油国がどの業界紙の「公示」方法が、自分たちおよび顧客にとって有益と判断しているかによるのである。

このように、中東産のドバイ原油、オマーン原油、北海産のブレント原油、アメリカ産のASCIを構成するマーズ原油、ポセイドン原油、サウザン・グリーン・キャニオン原油などが、産油国が販売する際に使用している指標原油である。

このうち直接的に日本に関係があるのは、アメリカ産原油以外のものである。

重い原油、軽い原油

「原油」と一口にいうが、すべてが同じものではない。油田から生産される原油ごとに異なった品質をもっている。品質が違うので、価格の高い原油も安い原油もある。

ここで、世界にはどのような原油があるのか、品質にどういう違いがあるのか、なぜ品質が違うと価格が違うのか、そして、なぜドバイ原油などが指標原油として使われているのかを説明しておこう。

世界には商品として取引されている原油が550種類ほどある。その内、日本が輸入しているのは中東産など100種類ほどだ。

原油の品質の違いは、細かく述べるときりがないが、大事なのは比重（重さ）と含有する硫黄分の量だ。この二つが価格を決める大切な要素になっている。簡単に言うと、軽い原油の方が高く、また含有する硫黄分が少ないほうが高い。

原油を精製すると、軽い順にLPG、ガソリン、ナフサ、灯油、軽油、重油などが生産される。同じ精製装置を使うと、軽い原油のほうが、ガソリンなどの軽い石油製品を多く生産できる。製品としての価格も、概して軽いものの方が高い。

重い原油を精製して、軽い原油と同じようにガソリンなどの軽い製品を多く生産するためには、改質装置や分解装置が必要なので、巨額の追加投資が必要になる。だから軽い原油の方が高いのである。

また、硫黄分が多いと、精製の様々な段階で使われる触媒を毀損するので、不要な硫黄分を除去する装置が必要になる。これまた追加投資が必要である。

したがって、同じ精製装置を前提にすると、比重の軽い（ライト）、硫黄分の少ない（スィート）原油の方が価格は高いのである。

繰り返しになるが、原油の品質は油田ごとに異なる。同じ国でも違う油田からは、まったく異なった品質をもった原油が生産される。もちろん比重も含有硫黄分も違う。

原油は比重によって軽質油、中質油、重質油に分けられ、軽質油の中にはより軽い超軽質油があり、重質油の中にはより重い超重質油があるが、サウジでは超重質油以外の4種類の異なった品質を持つ原油が生産され、輸出されている。

このように原油は種類が違うと異なった品質を持っているので、理想的には原油ごとに別々のタンクに貯蔵し、必要に応じて精製に使うのがベストのように思えるが、経済合理性を考えると必ずしもそうはいかない。それぞれの石油会社の規模、保有している精製設備により、ベストなオペレーションは異なってくるものだ。

たとえば筆者が三井物産の原油部で、極東石油（当時のモービル石油との50／50の合弁事業）

で使用する原油の仕入れ担当をしていた頃、極東石油では原油タンクを3種類に分けて、輸入原油を受け入れていた。アブダビ原油などの超軽質油と、サウジ原油の一つであるアラビアン・ライト原油などの軽・中質油、それにイラン原油の一つであるイラニアン・ヘビー原油などの中・重質油の3種類である。バラエティに富んだ輸入原油に合わせて原油タンク数を増やしてコスト増になることを避けた極めて合理的な受け入れ方法であった。

原油の比重は、ＡＰＩ（American Petroleum Institute 米国石油協会）が定めている計算方式に基づいた「ＡＰＩ度」が世界的に使われている。

それによれば、水のＡＰＩが10度で、水より軽い原油の多くは10より大きい数字になっている。反対にベネズエラの超重質油などはアスファルトのように粘度が高く、水より重いため、例外的に10より小さい数字になっている。

ちなみにこのベネズエラの超重質油は粘度が高いこともあって、長い間経済的に生産できるとみなされていなかったため、２００７年までは確認埋蔵量とは認識されていなかった。２００７年以降、サウジを抜いてベネズエラが、世界一保有埋蔵量の多い国となった背景には、この「埋蔵量」の認識方法がある。リーマンショックの直前、２００８年7月中旬にＷＴＩ価格が１４７・２４ドルの史上最高値をつけたと紹介したが、このときまで続いていた高価格が、ベネズエラの超重質油を「埋蔵量」として認識するようになった背景にはあるのだ。「埋蔵量」

とは、技術水準と経済条件によって増減する概念だからだ。詳しくは弊著『石油の「埋蔵量」は誰が決めるのか?』を参照していただきたい。

2014年末から始まった今回の原油価格暴落により、現在の低価格が長い間続くとの認識が定着すると、今度は逆に確認埋蔵量とカウントされなくなるかもしれない。再びサウジが世界一保有埋蔵量が多い国になるかもしれないのだ。

毎年6月に発表される「BP統計集」がベネズエラ保有埋蔵量を、2014年末現在の2983億バレルに対して下方修正を行ったら、BPは「低価格が長期間継続する」と判断した証左になるので、読者のみなさんも注目しておいていただきたい。

日本にとってなぜサウジ原油が重要なのか

それでは日本にとってなぜサウジ原油が重要なのだろうか。一つは世界最大の産油国で、日本の原油の最大輸入先だということだが、その他の理由を紹介しておこう。それは日本の戦後石油産業の歴史と重なる。

戦後、壊滅状態となった日本の石油産業には、人材以外には何も残っていなかった。

昭和期の国際経済学者、井口東輔が実質的には一人で全文を書き上げたという『現代日本産業発達史Ⅱ石油』によれば、開戦前には700万キロリットル近くあった石油在庫も、終戦の年の7月には45万キロリットルしか残っていなかった。9万B/Dほどあった日本全土の精製能力も、米軍の空爆により壊滅状態となり、記録により差があるが2万B/D程度しか残っていなかった。ほとんどの石油技術者を南方に派遣してしまったため、放置状態だった国内油田からは、頑張っても年間20万キロリットル程度しか生産できなかった。

さらに致命的だったのは、資金不足である。海外からの原油輸入が再開するのは1950年1月からだが、それまでの間、輸入した石油製品の代金支払いはすべて、ガリオア資金と呼ばれる米国政府の占領地救済援助資金などに頼らざるを得なかった。

まさにないないづくしであった。

占領軍の戦後石油政策は、当初は日本の戦争遂行の潜在能力を完全につぶすことに重点がおかれていた。そのため占領軍は、戦後間もない1946年には、太平洋岸の製油所を全面的に操業停止させ、次いで1948年にはこれらの製油所をスクラップ化して戦争賠償の一部として供与させ、国内需要は、国産原油を日本海側の製油所で精製して得られる少量の石油製品と輸入で対応させるという、厳しい方針を示した。

だが、ドイツの戦後処理をめぐる対立が米ソの冷戦を激化せしめ、日本にアジアの反共の防波堤の役割を負わせる方向に占領政策の転換がなされた。その結果、1949年には日本にも消費地精製主義（原油を輸入して消費地で精製する）を取らせる方針となった。

占領軍の石油顧問団は、スタンダード・バキューム、シェル、カルテックスなどの大手国際石油会社からの幹部出向者で成り立っていたため、占領軍の石油政策は彼らの意向を色濃く反映したものとなった。

当時のセブンシスターズを始めとする大手国際石油会社にとっては、サウジなど中東で巨大油田がいくつも発見されており、あり余る中東原油の販売先確保が重要な経営課題であった。そこでヨーロッパで実行したマーシャルプランと同じように、日本にも近代的製油所を新たに建設し、原油を持ち込んで精製を行い、石油製品を販売することは、大手国際石油会社にとって、もっとも望ましいことだったのだ。

かくして、1949年からサウジに権益を持つ国際石油会社と提携した日本の石油会社のほとんどが、サウジ原油をベースとして精製設備の設計、建設を行ったのである。

もちろんその後、今日に至るまで様々な情勢変化はあるが、当初よりサウジ原油をベースに設計された日本の石油会社にとっては、似たような品質でも他の原油ではなくサウジ原油を精製することが、もっとも効率よく、付加価値の高い製品をより多く生産する方法だったのだ。

原油の輸入が再開された1950年こそアメリカからの輸入が61・9万キロリットル（全体が162・8万キロリットルだから約38%）でサウジの58・3万キロリットル（約36%）を上回っているが、1955年にはアメリカ産原油の輸入は9・9万キロリットル（約1%）に

（単位：1,000 kl）

地域＼年次	1950	1955	1956	1957	1958	1959	1960	1961	1962（暫定）
中東									
サウジアラビア	**583**	**4,567**	**5,554**	**6,054**	**6,106**	**5,881**	**5,608**	**7,331**	**9,862**
クウェート(1)	122	632	1,464	3,076	4,180	6,740	11,807	13,293	13,810
中立地帯	—	364	724	748	525	1,160	1,859	3,015	4,683
カタール	—	160	67	377	350	58	86	263	426
イラン	—	435	621	790	911	1,225	1,127	2,364	5,648
イラク	—	272	626	1,281	1,715	2,964	4,389	3,579	2,375
アブダビ	—	—	—	—	—	—	—	—	63
小計	705	6,429	9,056	12,325	13,787	18,028	24,876	29,845	36,867
極東									
英領ボルネオ	155	924	1,153	1,206	1,223	1,025	1,292	754	255
インドネシア(2)	62	1,102	1,049	1,067	1,070	2,210	3,655	4,574	4,906
小計	217	2,026	2,202	2,273	2,293	3,235	4,947	5,328	5,161
北米									
アメリカ	**619**	**99**	**145**	**171**	**183**	**245**	**137**	**78**	**19**
カナダ	—	—	35	15	—	—	—	—	—
小計	619	99	180	186	183	245	137	78	19
南米									
ベネズエラ	—	—	—	49	15	16	—	16	15
ペルー	—	—	—	—	21	—	—	—	—
小計	—	—	—	49	36	16	—	16	15
その他									
ソ連	—	—	—	—	13	97	1,239	2,395	2,519
その他	87	—	—	—	—	—	—	—	—
合計	1,628	8,553	11,438	14,833	16,312	21,621	31,199	37,662	44,581

注：(1) 1960～62 年はイラン原油との混合を含む。60 年はアラビア原油との混合を含む。(2) 西ニューギニア原油を含む.
出所：『石油統計年報』, 同『月報』.

原油の地域別輸入量（『現代日本産業発達史Ⅱ石油』）

減少し、サウジが456・7万キロリットルと約53％を占め、第1位となっている。これには
アメリカが昭和23（1948）年にすでに純輸入国に転じていたという理由もあるが、いずれ
にせよ日本の原油輸入に占めるNo．1としてのサウジ原油の地位は揺るぎなく、今日を迎え
ているのである。

ドバイの戦略

先にアジア向けサウジ原油の価格は、ドバイ原油とオマーン原油の平均が指標として採用されていると説明したが、日本の原油輸入との関係の中で、これについてもう少し詳しく触れておこう。生産量も販売量もサウジ原油の方が圧倒的に多いのに、なぜサウジ原油ではなく、ドバイとオマーンの原油が指標となっているのか、についてである。

その理由は、それぞれの原油の市場特性に由来している。

第二章で触れたように、サウジ原油は1986年の逆オイルショック以前は、サウジ政府が定める固定価格を価格条件とする長期契約で販売されていた。また、サウジはOPECの盟主であり、他の産油国の模範となる行動を取っていた。

一方ドバイは、UAE（United Arab Emirates アラブ首長国連邦）の一構成国だが、OPECには参加していなかった。生産枠などのOPECの規制を受けないドバイ原油は、すべて長

期契約ではない一回限りのスポット契約で、市況に応じて変動する価格で販売されていた。

１９７１年にドバイ首長国をＵＡＥの一構成国として独立させた建国の父シェイク・ラシードは、自らの国の原油埋蔵量に限界があることを早くから認識しており、石油に依存しない経済体制の構築を目指して１９７０年代から実行に移していた。

２０１６年4月、サウジが「ビジョン２０３０」を打ち出して、実行しようとしている「脱石油」化を、ドバイは半世紀近くも前から着手していたのである。

たとえば砂漠の地にゴルフ場を建設し、ホテルを建て、スポンサーなしでは経済活動ができない中東文化の中で、政府みずからがスポンサーとなることで外国資本を誘致してきた。ドバイはこのように長期的観点から、地域の貿易のハブになることを目指して国家建設を試み、現在のような中東の金融センターの地位を築き上げたのだ。

こうした背景を持つ国だから、ドバイ原油が指標原油として使用されるようになったのだ。

エピソードを一つ紹介しよう。

筆者がイラン三井物産に勤務していた１９９７年ごろ、中東三井物産の本拠はバーレーンにあった。バーレーンはペルシャ、メソポタミアに次いで１９３１年に石油が発見された佐渡島ほどの小島で、ＵＡＥなど湾岸諸国がイギリスから独立した１９７０年ごろにはすでに埋蔵量が枯渇し始めていたため、いち早く金融拠点としての国づくりを始めていた。70年代のオイルショック以降、イスラム教の中東の中では最も自由に事業活動ができる国だったので、邦銀をはじめとする日本企業のほとんどがバーレーンを中東の拠点としていた。

バーレーンは、スンニ派の王家がシーア派多数の国民を統治している国で、1986年にはキング・ファハド・コーズウエイと呼ばれる長さ25キロメートルの架橋でサウジと物理的にも結ばれ、王家と同じスンニ派が多数派を占めるサウジの属国化の様相を強く示し始めていた。

余談だが、バーレーンの中華料理屋の店主は筆者に中国語で「週末になると、公園へのデリバリーが増える。車でやって来るサウジ人たちが酒を飲みながら夜通し宴会をするのだ」といっていた。サウジ人にとっては、バーレーンは息抜きの場所にもなっていた。

一方、ドバイは、ゴルフ場やホテルの建設、ビジネスビザ取得の簡略化に加え、さらに様々なる施策を講じて海外ビジネスを呼び込もうとしていた。

中東の「常識」を破る

その一つが「自由貿易区」の設営だった。

今でも基本は変わっていないが、中東諸国で事業を行おうとする場合、地元の「スポンサー」が必要だ。「スポンサー」との関係は、通常、ビジネスパートナーとの関係で例えられる「結婚」というよりも、一度結んだ「関係」は死ぬまで絶つことはできないという意味で、「親子」に近いものだ。もちろん、親には全身全霊で尽くさなければならない。したがって、どの「親」と「関係」を持つかは死活問題になってくる。

これが中東への事業参入の壁を厚く、高くしていた。シェイク・ラシードの後を継いで首長に就任したシェイク・モハマッド・ビン・ラシード・マクトムと彼を支える官僚たちは、この参入障壁に穴を開けた。「自由貿易区」の中であれば、スポンサーは必要ない。いや、正確には、ドバイ政府がスポンサーになる。

この政策によって多くの外国企業が加工貿易基地として、あるいは輸入販売根拠地として「自由貿易区」に店を構えた。

当時の中東三井物産社長は、中東の本拠地をバーレーンからドバイに移すことを考え、現地視察を行った。だが、その時は実行しなかった。

このときの理由は筆者のあずかり知らぬことだったが、後日、「自由貿易区」に店を構えた某日系企業を訪問して、筆者なりに納得した。「自由貿易区」として定められた土地は、ドバイの中心地から離れたところにある、いわゆる工場地帯なのだ。顧客が喜んで訪ねて来るところではない。中東三井物産社長は、おそらく商社という業態の本拠地として、工場地帯は相応しくないと判断したのだろう。

それから何年も経って、気がついたら中東三井物産は本拠をドバイに移していた。賢明なドバイの為政者は、政府直轄の高層オフィスビルを市街地のど真ん中に建設し、このビルのテナントになれば「スポンサー」不要という方法を考えだしていたのだ。

これは大正解だった。

筆者は2007年に現地訪問する機会を得たが、その政府ビルの中にいると、まるでマンハッタンのオフィスビルにいるかのような錯覚に囚われる。テナントとして入っているカフェやドラッグストアなどの店舗もそうだが、周り中、欧米のビジネスマンばかりで、暑熱の砂漠の地にいることを忘れさせるほどエアコンが効いている、IT化された超近代的なビルなのだ。

ドバイ原油は、このように自由貿易を推進しようとしている国が産出している原油であり、OPECの規制を受けずに市場で自由に取引されていた。すべてがスポット取引なので、まさに市場価格で取引されていた。

当時はサウジ原油など長期契約の原油販売価格を、OPEC産油国が一方的に、恣意的に決定していた時代である。それが需給バランスを反映した売り手と買い手が合意しうる価格、つまり市場価格なのかどうかはおおいに疑問が残った。買い手は、仕方がなく購入しているのではないか？

ドバイ原油のスポット取引の実態は、「プラッツ」や「アーガス」などの業界紙が連日のように報じていた。この取引は、公的機関が管理しているNYMEXなどの先物市場を通さない、私人間の相対取引なので、内容を誰にも公表する義務はなかった。だが、スピードを要求される取引であるためオイル・ブローカーが仲介していたこともあり、第三者にも売り手と買い手が考えている価格が業界紙を通じて情報として伝わる、比較的透明性の高い取引だった。石油業界の関係者から見れば、市場の評価、すなわち市場価格を示現している指標原油として、ドバイ原油こそがもっとも相応しい原油だったのである。

イラク支援に使われた原油

「自由なドバイ」を象徴するもう一つのエピソードを紹介しよう。

イラン・イラク戦争が激化していた1980年代、イラクをサウジが支援していた時の話だ。この戦いは、空軍力とミサイルなどの近代的装備に優れたイラクの「遠隔攻撃力」と、イラクの3倍の人口を抱え、イスラム革命成就により「聖戦」意識の高いイランの、地上戦における「領土侵攻力」の戦いだったといわれている。ミサイルを使ったタンカー攻撃を受けたイランは、装備の遅れを少年をも巻き込んだ義勇兵の精神力で巻き返していた。義勇兵の数は20万人を越えた。かくて両国の戦力は相拮抗し、8年にわたって戦争が続けられた。

そんな中、サウジはイラク支援策の一つとしてサウジ原油を使うことにした。しかし、OP

ECの盟主として好き勝手な振る舞いはできない。そこに誰かわからぬが、智恵者がいた。サウジ原油をドバイに売らせ、販売代金をイラク政府が自由に使える仕組みを考案したのだ。ドバイにはシェイク・ラシードの政策を実行するためにルーラーズ・オフィスという機関があった。「Brigadier（准将）」の尊称を持つ海軍上がりの英国人がルーラーズ・オフィスの対外実務を取り仕切っていた。

トレーダーたちの間では「なぜかわからないが某社がサウジ原油のスポット玉を扱っているぞ。サウジのプリンスルートで出てくるロイヤル・クルードかな？」と噂されていた。

これもまた、ドバイという自由に動ける特別な地位が確立していた国だからできたことだった。

さて、シェイク・ラシードの慧眼が見通していたように、かつては40万B/Dを誇っていたドバイ原油の生産量は漸減し、最近では10万B/Dを割り込み、数万B/Dになっている。近い将来完全に枯渇するかもしれない。生産量が減少すれば取引量も減少する。取引量が少ないと、市場価格を反映しきれなくなる可能性がある。それでは「指標原油」の役割を果たせない。

そこで、ドバイ同様、OPECには加盟していない近隣のオマーンの原油をも指標原油に取り込むことになったのだ。ドバイ原油もオマーン原油も、ともに中質油に属する。

中国勢の価格操作疑惑

ところで、ホルヘ・モンテペケが去った後も「プラッツ」の「市場終了時市況」と呼ばれる価格評価システムは、これまでのように機能し、指標原油価格としての信用を保ちうるのだろうか。

FTは、このシステムの成功は「短気で口が悪く、大手石油会社やトレーダーたちと何度もやりあったグアテマラ系米国人ホルヘの個性によるところが大きい」と評価しているようだ。「プラッツ」はホルヘの後任として、NYMEXを傘下に抱える商品取引所CMEのエネルギー部門のトップだったマーチン・フランケルを雇用したと伝えている。後任者の評価はこれからだ。

いずれにせよこのシステムが有効に機能するためには、時代の推移とともにたえず市場原油価格としての透明性、公平性が保たれているかどうかを検証し、必要な改善を図っていく必要があろう。

実は、NYMEXなどの先物市場は公的管理機関が規制を設け監視されているが、ドバイ市場のような民間企業同士が個別に行っているOTC（Over The Counter 店頭取引とも）と呼ばれる相対取引については対象外であるため、これまでにも何回か不公正な取引が行われているのではないかとの疑問が持たれている。

2008年のリーマンショック後、世界の主要な指標金利であるLIBOR（London Interbank Offered Rate ロンドン銀行間取引金利）スキャンダルが発覚した2012年がその一つだ。レファレンスバンクと呼ばれる金利レート呈示銀行の一行であるバークレイズが、自行に有利となるようにと他の銀行に諮《はか》り、意図的に低い金利レートを提示したとされる、当時のイングランド銀行副頭取までも巻き込んだスキャンダルだった。このとき原油価格決定の仕組みについても、管理当局の監視が強まっていることが伝えられた。

2013年にはEUの独禁法管理当局が、価格の不正操作がなかったかどうか、シェル、BP、スタットオイルなどの大手石油会社に加え、「プラッツ」および「アーガス」にも査察に入ったと報道されている。ただし現在までのところ、この調査で特段の問題指摘があったとは言われていない。

一方、2014年末からの価格暴落の中で、中国勢による価格操作の疑いが報じられている。たとえば2015年8月には、市場で販売されているドバイ原油の90%が中国の国有石油会社CNPC（China National Petroleum Corp）傘下のチャイナ・オイル（Chinaoil）により買い上げられたと、「ウォール・ストリート・ジャーナル」が報じている（"Price-Moving China Oil Trades Fan Concerns" Feb 23, 2016）。この結果、品質的に劣るため相対的に安いのが正常であるドバイ原油が、北海ブレント原油より高くなり、日本も含めたアジアの精製会社は数億ドル以上高い原油を購入したことになった。中国の石油精製会社も被害を被ったことになる。さらにチャイナ・オイルは、２０１４年１月からの25カ月間のうち10カ月も、市場で手に入るドバイ原油の半分以上を買い占めている、というのだ。

もっと疑念をもたらすのは、この25カ月間のうち7カ月間は、中国の別の国有石油会社であるSinopec（China Petroleum & Chemical Corp.,）の傘下の会社が、ドバイ原油の半分以上を売っていたというのだ。

中国勢が売って、中国勢が買うなんていうことがあるのだろうか。

ＮＹＭＥＸやＩＣＥを抱える欧米と異なり、ドバイ原油の相対取引を管理する当局は存在しない。そのため、これらの一連の動きも詳細は明らかにならず、何の規制措置も取られていない。

結果としてドバイ原油の価格が異常に高くなり、ドバイ原油を指標原油として使用しているアジア向けのサウジ原油など、中東原油の長期契約価格が高くなったと報じられている。だが、中東原油の大口バイヤーである中国もまたこの影響を受けているはずだ。したがってこの動きの背景にどのような意図があったのかはわからない。

いずれにせよこれらの事例からいえることは、市場への取引参加者が多様で数が多いことが、その結果として取引量が多いことが、少数の人間による悪意に基づく取引の悪影響を少なくすることに資する、ということだろう。

オイル・トレーダーたちの判断根拠

さて、「プラッツ」が指標原油であるドバイ原油やオマーン原油価格の評価を毎日行っている実態はこれでおわかりいただけただろう。

では「プラッツ」から、取引量も多く、契約履行もきちんと行っているので、市場価格を評価するのに妥当だと認められた大手石油会社やトレーディング会社のオイル・トレーダーたちは、どのようにして原油価格の評価を行って、売り値および買い値を「プラッツ」に提示しているのだろうか。言葉を換えれば、彼らは日常的に何を判断根拠にオイル・トレードを行っているのだろうか。次はこのことを考えてみよう。

状況によって異なるが、概してトレーダーたちは毎日とてつもなく多くの取引を行っている。その度に何がしかの判断を下しているはずだ。ゆっくり考える時間がない場合には「直感」に頼っているかもしれない。だが「直感」もまた、何がしかの根拠に基づいた考察の積み重ねのうえに得られるものだ。

彼らが判断根拠としているのは、大きく言えば世界経済の行方だ。

基本的な石油の需給の動きは世界経済の動向に密接にリンクしている。

たとえば上海市場の株価が暴落すれば、これは中国経済が成長を鈍化させ、石油需要の減少につながるサインかもしれない、と考える。

ＯＰＥＣがロシアと減産について話し合う、という情報を入手すれば、直面している供給過剰が緩和されるのだろうか、と考えるのだ。

さらにまた各国の政策動向も重要な要因だ。産油国の政策は供給量に直接大きな影響を与える。

２０１６年１月中旬、イランは核協議で課せられた義務作業を完了し、国際的経済制裁がほぼ解除された。２０１６年２月末には総選挙が行われ、対外融和路線を掲げるロウハニ大統領の外交政策への信任が問われた。25％以上の得票率に達しなかった約20％の選挙区の再選挙が4月29日に行われ、ようやく全選挙区の当選者が確定したが、きわめて微妙な結果となっている。各種メディアの報道を総合すると、ロウハニ大統領と同じ穏健派および改革派（自由拡大など内政改革も目指す）が約40％、イスラム原理に基づく厳格な国家運営を目指すべきとして対外的にも強硬姿勢を崩さない保守派と、旗色が判然としない独立系がそれぞれ30％ずつとなっている模様だ。国政への影響力が強いとされるテヘランの30議席をすべて穏健派および改革派が押さえたことから、ロウハニ大統領の今後の国政運営に期待する西側メディアもあるが、予断を許さない。特に、イランの原油増産と輸出量増加がどのようなスピードで進むのか、石油ガス産業への外資の進出がどう展開するかは、ロウハニ大統領の外交政策が国会の信任を得られるかどうかにかかっているため、独立系とされる議員の動向がカギになってくるだろう。

また、引き続き対立色を強めている断交中のサウジとの関係がどうなるか、非常に注目される。

また、たとえば先進国の環境政策は長期的な石油需要を左右する可能性を秘めている。

2015年末の「パリ協定」がどのように実行に移されるか、オイル・トレーダーたちはアンテナを高く張っている。

トレーダーも市場を重視

これらマクロの動きも重要だが、毎日数多くの取引を行っているオイル・トレーダーにとっては、同僚あるいは仕事仲間との会話はとても重要だ。目先の価格が上がるのか下がるのか、市場がどちらに向かって動いているのかのシグナルは、やはり同じ立場のプロ同士の会話から得られるものが大きいからだ。

また、業界の有力者あるいは有力な機関が発表する統計および予測も重要な要素だ。

たとえばOPECや欧米先進国からなるIEAが発表するデータや分析、あるいは投資銀行調査部の予測、さらには大手国際石油幹部の発言などは、多くの市場参加者が判断材料として使用している。強気と弱気の思惑が入り混じった時、これらが「呪文」のようにオイル・トレーダーの心理に効いてくる。

そして最も大事なのが、先物市場における価格の動きそのものなのだ。

先物市場における価格こそ、世界中の経済活動の動きを即座に伝えるシグナルなのである。特に期近の受渡し原油と、1年とか2年とか先の将来受渡しの原油との値差がどうなっているかは、市場が現在の価格を安すぎると思っているのか、あるいは高すぎると思っているかの明確なシグナルだ。

もちろん、短期のシグナルの受け止め方には行きすぎたものが含まれている例も多い。たとえば、第一章で紹介した2016年年初の「サウジ・イラン断交」報道直後の原油価格の動きがその一例だ。

市場における価格というものは、目先のものは当然のこととして、メディアが報ずる期近の価格も大事だが、将来の価格へのカーブ（Forward Curve 先物曲線）が上を向いているか（先高、「コンタンゴ」）、下を向いているか（先安、「バックワデーション」）、そのカーブは急か、穏やかか、カーブの傾斜は最近きつくなっているのか弱くなっているのか、などもまた重要なシグナルとなってくる。

オイル・トレーダーたちは、期近のものが、たとえば1年先のものより極端に安い場合、つまり極端な先高（コンタンゴ）の場合には、期近の現物を購入して陸上タンクかタンカーに貯蔵し、同時に同量の1年先物を売り越すオペレーション（「コンタンゴオペレーション」）を行う。1年間の価格差が貯蔵に要するコスト、タンクやタンカーの賃貸料に金利を加えたものより大きければ、必ず儲かる「勝利の方程式」なのである。

現実に、2008年末から2009年にかけてのリーマンショックの直後や、2014年末から始まった今回の大暴落の初期、2005年第1四半期には大量の「コンタンゴオペレーション」が行われている。

この原稿を書いている2016年の第1四半期には在庫が積み上がりすぎ、タンクあるいはタンカー賃貸料が高騰しているため、現在の価格差では「勝利の方程式」にならないようだ。

また、同じく第一章で紹介した投資銀行GSが2016年1月に価格予想を上方修正した際の判断根拠は、その時点で先物曲線のカーブがゆるくなって平らになりつつあったので、これは在庫減につながるとして「買い」のサインだ、と判断したものであった。

GSは併せて「原油価格20ドルのシナリオは残っているが、most-likely case（もっともありうるケース）ではなくなった」と説明していた（“Goldman Sachs Sees Oil Bull Market Being Born in Today’s Crash” Bloomberg Jan 15, 2016）。なおこの傾向は、この原稿を書いている2016年4月の段階でも継続している。

第四章　石油の時代は終わるのか？

石油が枯渇する心配はない

第三章でベネズエラの確認埋蔵量が、2014年末から始まった原油価格暴落で減る可能性があるという話をしたが、それと同じ理屈で、長期的スパンで考えると、技術革新と経済条件の改善によって、石油の埋蔵量は年々増加するといえる。一方、ガソリン車の燃費が年々上がっているように、エネルギーを効率的に利用する技術が進歩し、石油消費量全体の伸びが鈍化する可能性は高い。こうして考えれば、向こう100年くらいは石油がなくなることはないだろう。

本章では、このようなエネルギーの効率的な利用など、長期的に原油価格に影響を与えそうな問題を考えてみたい。要因として考えられるのは、大きく分けて、技術革新と環境問題である。これらはともに、現在から未来にわたる原油価格の動向にもつながっている。

いや、将来の原油価格を考える場合、もはや猛スピードで技術革新が行われているこの分野の視点なしではいられないほど、重要課題となってきているのだ。

2014年末から始まった原油価格の暴落が、長期的にどのような展開を見せるのかという問題について、ここである講演をもとに、読者のみなさんと一緒に考えてみたい。

その講演とは、2015年10月、スーパーメジャーの1社、BPの調査部門のトップであるスペンサー・デールが行った“New Economics of Oil”（以下、「石油の新経済学」）と題する講演だ。イギリスの中央銀行であるイングランド銀行のチーフ・エコノミストや金融政策委員を務めた経歴を持つ彼の分析は秀逸だ。

デールは、2015年10月13日に「ビジネス・エコノミスト協会（Society of Business Economists)」という協会の年次会合で講演を行った。その時の講演が「石油の新経済学」である。

この協会がどのようなものかを理解していただくのには、筆者の海外勤務経験を紹介するのがいいだろう。

欧米のビジネスマンと初めて会うとき、我々日本人は「私はXX株式会社に勤めています」と所属先を示して自己紹介をする。それに対して彼らは「私はYYです。今はZZという組織で働いています」と職種を先に紹介し、自分が何をやっている人間なのかを相手に伝える。筆者が出会った欧米のビジネスマンは、オイル・トレーダーだったり、戦略部門のエコノミストだったり、法務の仕事をしていた。

たとえば“I'm an oil trader, now working for 会社名”といった具合だ。

そして、これらの職種ごとに組織横断的な団体が存在する。

その一つとして、イギリスには「ビジネス・エコノミスト協会」という団体がある。個人でコンサルタントをしている人もいるが、大半が組織に所属しながらも、ビジネスに関連した経済情報の調査、分析などを主任務とするエコノミストたちの横断的団体だ。

同協会のHPによると、1953年に「ビジネス・エコノミスト・グループ（The Business Economist Group）」として発足し、1969年に現在の名称に変更した。600人以上の正会員がおり、欧州および北米の同一内容の団体と交流しているそうだ。

デールはこの講演で、これまで石油市場を理解するには次の4つの常識を持つことが必要だった、として現状分析している。

石油は、①いつか枯渇する資源だ、②需要量も供給量も、価格が変化してもすぐには変化しない、③東から西へ流れる、④OPECが市場を安定化させている、というものだ。

だが、これらの常識を覆す二つの重要なことが起こりつつある。一つはシェール革命であり、もう一つは地球温暖化問題である。

シェール革命の何が「革命」だったのか

まず米国におけるシェール革命について、デールは、これまでの常識を覆して、石油開発に製造業のような性格を持ち込んだという。シェールオイル・ガスの事業は、在来型と呼ばれるこれまでの伝統的な石油開発事業と比べると、投資決断から生産開始までの期間が短く、また生産期間も短い。さらに技術革新による生産性の向上には目を見張るものがあり、これが米国外のシェール事業ばかりか在来型の石油開発事業にも必ずや波及するに違いない。

一方で、伝統的な在来型石油開発は自己資金による事業運営だが、シェールは外部の資金調達に頼るビジネスモデルになっており、金融市場のボラティリティ（価格変動の度合い）の影響をもろに受けるようになっている。

米国は、シェール革命によって、輸入に頼らないエネルギー自給を達成できるようになるだろうとしている。まず2020年代初めには、一次エネルギー全体で輸入が不要なエネルギー自給（Energy Independence）を、10年後の2030年代初めには、石油だけを取り上げても輸入が不要な石油自給（Oil Independence）を達成できるようになるだろう、としている。石油は、西から東へ流れるようになる。つまり、従来は中東から欧米へと大きく流れていた石油が、将来は米州からアジアへ流れるようになる。

OPECがこれまで持っていた、何か事件が起こったときに生産量を調整して市場を安定化させる能力は、短期的、一時的な変動への対処としては機能するが、シェール革命のような構造的な変化には対応できないだろう。

このようにデールは見ているのだ。

さらにデールの視線は、2015年末にパリで開催されたCOP21（気候変動枠組条約第21

回締約国会議）に向けられている。

デールの講演はCOP21開始の1カ月半ほど前に行われたものだが、環境問題、とりわけ二酸化炭素排出削減に対する各国政府の対応に関心が高まり、こうした機運が勢いづけば気候温暖化対策として環境政策がとられ、二酸化炭素を回収し貯蔵するCCS（Carbon Dioxide Capture & Storage）の技術の革新が進む一方、石油消費量は頭打ちになるので石油は枯渇しないだろう、としている。

「石油の新経済学」

以上の二つの大きな構造変化を踏まえ、「石油の新経済学」では、石油は、

①枯渇しそうにない。

②需要、供給ともに価格変動に敏感になる。

③西から東へ流れるようになる。

④OPECは一時的、短期的な変化への市場安定化能力は維持するが、変化が構造的なものかどうかを判断することが重要だ。

と結論づけている。ここまでがデールの見解だ。

つまり、現在の石油市場を正しく理解するためには古い常識を脱して、「石油の新経済学」

に基づいて判断することが重要だ、と指摘しているのだ。

デールが指摘しているシェール革命と地球温暖化の問題は、比較的新しい課題である。ヤマニ元サウジ石油相が活躍していた1970年代から80年代には影も形もなかった問題だ。だが、ヤマニの次の名言の背景にある深い洞察は、この新しい展開をも織り込んでいたのではないか、と思わせるものがある。

「ミスターOPEC」と称されたヤマニは、石油価格の大幅引き上げを要求する強硬派のOPEC加盟国に対して、「石器時代は、石がなくなったから終わったのではない」という思いで説得を試みていたのだろう。これは2009年7月4日、日経新聞のインタビューでのヤマニの発言だが、ヤマニは80年代頃からすでに、石油時代は新技術の登場によって終わると予想していたのではないだろうか。

意味するところは、次のようなことだろう。

300万年ほど続いた石器時代が終わって、それから数千年ほど経った現代でも、石はどこにでもある。この世からなくなってはいない。だが、石器時代はとうの昔に終わっている。石油も、同じ運命をたどる可能性がある。つまり、たとえば石油価格が急激に上昇すると、代替エネルギーの開発が促進され石油消費が減少する。あるいは画期的な技術革新で、石油に代わる便利で効率の良いエネルギーが出現するかもしれない。だから石油も、いつかは使われなくなるかもしれない。

ヤマニは、石油時代も石油がなくなる前に終わるかもしれない、と危惧していたのだ。ヤマニの懸念は部分的には現実化した。

1970年代に起こった2度のオイルショックの結果、3ドルだった原油価格は数年の間に12倍の36ドルに跳ね上がった。一時的には40ドルを超えた。あまりの石油価格急騰に、日本など先進国は強力に「脱石油」を追求した。世界景気の後退とあいまって、第一次オイルショック後の2年間、そして第二次オイルショック後には連続して4年間も世界全体の石油消費が前年比減少してしまった経緯はこれまでみてきたとおりだ。

「脱石油」の傾向は、地球温暖化対策への配慮という新しい要素が加わって、今も続いている。たとえば日本の一次エネルギーに占める石油の割合は、第一次オイルショックが起きた1973年度には75・5%だったが、2010年度には39・8%まで下がった。2011年3月11日の東日本大震災で原子力発電所がすべて停止したためその後上昇し、2012年度には44・1%、2013年度は42・7%になった（以上、数値は資源エネルギー庁が発表している「エネルギー白書」2015年版による）。

日本の「エネルギー白書」では2013年までの数字しかないが、「BP統計集2015」によれば、2014年（暦年）の1年間の日本の一次エネルギーに占める石油比率は43・

1％となっている。

ここからは、日本ではまだ議論が活発になっていないようだが、エネルギー全般、ひいては石油価格から各国の経済問題にまで大きな影響を与えると予測されている、シェール革命と地球温暖化問題について、デールの指摘に基づいて考えてみよう。

ガスからオイルへ

シェール革命は、アメリカで「シェールガス革命」として始まった。最近はシェール「オイル」に焦点が当てられているが、シェール「ガス」から始まったという事実は記憶しておくべきだろう。

なぜシェール「ガス」から革命が始まったかといえば、気体としてのガスの方が液体としてのオイル（石油）より圧倒的に軽く、岩石の中のミクロな孔隙を通り抜けて移動することが容易だからである。同じ理由から、シェールガスはシェールオイルより生産しやすいという性質をもっている。

この気体としてのガスと液体としてのオイル（石油）の物理的特性の違いがもたらす諸現象は、あちこちに影響を及ぼしている。

なお、シェールガスは普通の天然ガスと品質はほぼ同じであり、胚胎している岩石層がシェール（頁岩）層なので「シェールガス」と呼ばれているだけであることに留意が必要だろう。普通の天然ガスと品質が違う特殊なガスではないし、「シェールガス」として普通の天然ガスと別に取引されているわけではない。

たとえば、2011年3月11日の東日本大震災の後、電力会社は停止した原発の代替としてガス火力発電を最大限に稼働させた。その燃料を調達するために、長期契約に基づかない契約、つまり必要な時に必要な分だけを買うスポット契約で賄った。相当程度まとまった量の液化天然ガス（LNG）をスポット契約で購入し、輸入したのだ。LNGは事業の性格上、20年程度の長期契約を締結するのが普通だ。だが、カタールが長期契約で販売していないLNG生産能力を保有していたので、このような大量のスポット契約が可能だったのだ。あの時、なぜ日本向けLNGがこんなにも高いのか、震災で原発が止まった日本の足元をみてのことではないか、と話題になった。しかし実際は、ガスと石油の物理的特性の違いに起因してのことだったのだ。

少しだけシェールガス革命の発端を振り返ってみよう。

ジョージ・ミッチェルという一人のワイルドキャッターの執念が、水圧破砕法の応用によりシェールガス革命に火をつけたのが1998年。この時にはまだ、液体のシェールオイルに水圧破砕法を応用して、経済的に生産できるとは考えていなかった。

それから4年後の2002年、デボンエナジー社（以下、デボン）が、ジョージの会社を35

億ドルで買い取った。デボンはジョージが見つけ出した「経済的生産方法」である「水圧破砕」のコツを習得し、さらに自社が他のプロジェクトで常用的に使用していた「水平掘削法」を応用して、1本の坑井あたりの生産量を大幅に増加することに成功した。

「水平掘削法」とは、垂直に掘り進んだ坑井を、石油ガスを胚胎しているシェール層に到達したら90度曲げ、そこから水平にシェール層の中を掘り進める手法である。海岸からさほど遠くない海上油田を、陸上に掘削リグを据え付けて掘削するプロジェクトなどに常用されていた。

この「水平掘削」をシェール層の開発に応用させることにより、掘削機材の先端がシェールオイル・ガスの胚胎部分に接触する面積を増大させることができるようになった。坑井1本あたりの生産量を大きく増加させることになったのだ。

この様子を見て、多くの業者がシェールガスの開発に参入してきた。

シェールガス革命が起きる以前は、将来アメリカの天然ガス生産量は激減し、大量のLNG輸入が必要になるだろうと思われていた。数多くのLNG輸入基地計画が許認可を取得しようと動きだしていたのだ。この見通しはしばらく続き、金融界の大立者であるグリーンスパン（当時の連邦準備制度理事会議長）が米議会で、LNG輸入の必要性を証言したのは、デボンがジョージの会社を買収した翌年の2003年のことだ。だがその後も天然ガスの生産量は減ることはなく、シェールガスの増産でさらに生産量が急増したのは、2006年からのことだった。この間、米国内のガス価格は原油価格の上昇を横目にみながら、低迷したままだった。

原油価格の高騰とガス価格の低迷をBP統計集で比較してみると次のようになっている。アメリカのWTI原油（クッシング渡し）価格と天然ガス価格（ヘンリーハブ渡し）を熱量等価で換算して比較すると、シェールガス革命に成功した1998年前後の5年間の平均では、原油価格が天然ガス価格より1・29倍高かった。デボンがジョージの会社を買い取った2002年前後の5年間では、両者の数値は1・13倍に縮まるが、この10年間ほどは原油と天然ガスの相対価格は比較的安定していたとみることができる。

だが、原油価格が本格的に上昇を始めた2005年からの5年間平均では1・79倍、シェールオイルの生産が本格化した2010年から2014年までの5年間の平均は4・12倍と、両者の価格差は開いていく。

なお、米EIAのデータによると、2015年の平均WTI原油価格は1バレルあたり48・67ドルで、天然ガス価格は100万BTU（British Thermal Unit 英国熱量単位）あたり2・64ドルとなっている。熱量等価でこのガス価格を原油価格に換算すると1バレルあたり15・84ドルになるので、原油は天然ガスの3・07倍と、依然として原油価格が相対的には高い状態にあることがわかる。

同じ一次エネルギーでも、液体である原油と気体であるガスの物理的特性の違いから、いくらガスの方が原油より圧倒的に安いといっても、さまざまな用途に使われる燃料が、すぐに石油からガスへと替わるわけではない。そのため、石油も天然ガスも、それぞれの価格で、当面の間一次エネルギーにおけるシェアは維持されるとみられているのである。BPおよびエクソンモービルの2016年1月発表「エネルギー長期展望」でも同様の見方をしている。

「革命」はアメリカだけの現象か？

さて次に、デールの指摘のとおり、米国の「シェール革命」が他国に、そして在来型石油開発にまで影響を与えるかどうかを考えてみよう。

シェールガス革命がアメリカで起こった背景には、1859年のドレーク「大佐」による商業生産開始以来の石油産業中心地としての諸々の積み重ねに基づく、次のような好環境があった。

①アメリカならではの起業家魂
②鉱業権は政府ではなく土地所有者のもの
③広大なアメリカ合衆国のすみずみにまで張り巡らされている天然ガス・パイプライン網
④資機材（水を含む）、人材、技術力の高さ
⑤法律面や専門性により細分化された周辺サービス産業

以上の5要素のうち③天然ガス・パイプライン網は、シェールオイルの場合にはシェールガスほど重要ではないが、他の諸要素の存在がなければアメリカにおけるシェール革命が進展しなかったのは間違いない。シェール革命が「米国外へ波及」するかどうかを検討するには、当該国にこれらの要素があるのかどうか、あるいはこれらの要素がなくても「革命」といえるほどの技術革新が普及しうるものかどうかの検討が要求されるだろう。

シェール革命が世界的に知られるようになった背景には、米EIAが2013年6月に発表したデータの存在がある。「技術的に回収可能な資源量」として発表されたものだが、多くの人は「埋蔵量」と混同して受け止めた。シェールオイルもシェールガスもアメリカだけではない、世界中にたくさんあるぞ、というわけだ。

本書は、2014年末から始まった原油価格大暴落の原因解明と、今後の動向を読み取ることを目的としているため、ここからはシェールオイルに焦点を合わせて説明を続ける。

米EIA（2013年6月発表）によると、シェールオイルの「技術的に回収可能な資源量」は世界合計3450億バレルで（ちなみに「BP統計集2015」によると、世界の石油確認埋蔵量合計は2014年末現在、1兆7001億バレル）、上位5カ国は次のようになっている。

1位　ロシア　　750億バレル

2位　アメリカ　580億バレル
3位　中国　320億バレル
4位　アルゼンチン　270億バレル
5位　リビア　260億バレル

ではアメリカ以外のロシア、中国、アルゼンチン、リビアの諸国に、アメリカでシェール革命が起こった好環境として筆者が挙げた5つの諸要素が存在しているだろうか。冷静に考えると、残念ながら答はNOだろう。

シリコンバレーに代表される「起業家魂」がマスで存在していることが、アメリカ国力の根源的強みだし、アメリカとカナダ以外のすべての国では、鉱業権は各国政府に所属している。米EIA発表データで、シェールオイルの「技術的に回収可能な資源量」を豊富に持つとされたアメリカ以外の上位4カ国とも産油国なので、それなりのインフラは整っているが、在来型が資本集約型であるのに対しシェールは労働集約型の要素がある。

シェールは坑井あたりの生産期間が短いので、同一エリアの生産を維持するために短期間に数多くの坑井を掘削する必要がある。つまり、より多くの技術者、労働者を必要とするのだ。いかに標準化が進もうと、コンビニ店員のように素人の誰にでも代替可能な、いわゆる単純労働にまで進んでいるわけではない。ある程度の知識や経験をもった労働力への依存度が高いので労働集約型といえるのだ。

またこれら4カ国には、アメリカのような起業家精神旺盛な「ワイルドキャッター」が次から次へと現れるほどの裾野の広さがあるわけではない。資機材の供給可能量も、業務を細分化して引き受けているサブコンと呼ばれるサービス会社の存在も、アメリカほど分厚いところはない。

シェール開発の「標準化」された作業に携わる技術者、労働者の育成にも、やはり相当程度の時間がかかると判断すべきであろう。

住友商事の誤算

さらにデールが指摘した2点、在来型との比較において、シェールガス・オイルの開発・生産は、投資決断から生産開始までの期間が短いという点と、外部金融に依存しているという点もまた、ビジネス環境が整い、自由競争が奨励されるアメリカだからこそ成り立つことだと筆者は判断している。この2点がアメリカ以外に容易に拡大することはまずないだろう。

アメリカにおける石油開発の実態を具体的事例に基づいて、少し詳しく説明しよう。

住友商事がアメリカのシェール事業で失敗し、巨額の損失見込みを発表したのは2014年

9月末のことだった。

直後の10月6日、日本経済新聞が『「契約実務は発展途上」専門家に聞く　シェール開発住商が巨額損失』と題する記事を掲載した。東京在住の石油ビジネスに通じた法律事務所に取材して書いた記事だ。

この記事では、住友商事のように操業主体者（以下、オペレータ）ではなく投資家、すなわちノンオペレータ（以下、ノンオペ）として参画する場合の権利義務に関して、次のように記述している。

オペレータとノンオペとの権利義務関係は、一つの鉱区を複数の会社が一緒に探鉱・開発・生産事業を行う場合に締結する共同操業協定（JOA, Joint Operating Agreement）で細かく決められている。本件の場合、ノンオペである住友商事が「コミッティーミーティングと呼ばれる意思決定機関で」「どれだけの発言権を確保できるかもJOAの重要なポイントだ」と解説している。意味するところは、この事業のために締結しているJOAの中で、ノンオペである住友商事がコミッティ・ミーティングと呼ばれる意思決定機関で、どの程度の発言権、すなわちプロジェクト推進に関する決定権を確保しているかが大事だ、ということだ。

日経の記事は、この法律家の解説を前提に「契約実務は発展途上」であるアメリカで、住友商事がリスクを読み間違えて巨額損失となった可能性が高い、と示唆しているのだ。

だがこの記述にある「『契約実務は発展途上』であるアメリカで」という部分に、これまで読んでこられた読者のみなさんは違和感を覚えるだろう。石油産業発祥の地であるアメリカが「契約実務の発展途上国」なのだろうか、と。この記事は、記者が理解不足のまま書いたものと思われるのだ。

この記事の中で法律専門家が説明しているのは、アメリカ以外の国における石油開発事業では極めて普通に行われているJOAの内容だ。いわば国際的石油開発事業の常識である。だが、残念ながらそれはアメリカには当てはまらない。記者はこの違いを知らなかったようだ。

アメリカ以外の国における石油開発事業では、オペレータとノンオペの権利義務関係を定めているJOAで諸々の手続きと意思決定の仕組みが決められている。たとえば探鉱作業における試掘計画について最終意思決定を行う場合、オペレータが半年とか1年とかを単位とし、保持している地質情報を開示した上で、オペレータがベストと判断する掘削を行う位置、作業内容、かける費用などを説明し、JOAで定めた規定に従い、必要な議決を行うことになっている。75%以上の賛成が必要だとJOAで決められている事項を決定したいとき、オペレータが70%、ノンオペが30%の権利をもっている場合だと、事前にノンオペの同意を得なければ最終決定ができない。だがもし、オペレータが80%、ノンオペが20%の権利をもっている共同事業の場合なら、ノンオペには一切の発言権がないことになる。これが、国際的な石油開発事業におけるＪＯＡの普通の内容だ。

だがアメリカで試掘する場合、通常ＪＯＡの規定に基づき、オペレータが掘削位置、作業内容、費用見積もりなどをノンオペに連絡し、ノンオペは、たとえば「連絡を受けてから48時間以内」という短時間のうちに参画するか否かの判断を回答することになっている。つまり、判断に必要な地質情報などは、ノンオペといえども自ら集め、分析し、事前に結論を出しておく必要があるのだ。

このように個別の試掘に参画するか止めるかということを含め、アメリカにおける商業活動ではあらゆる点において自己責任が求められるのである。

アメリカだけが知っている

もう少し説明を続けよう。

アメリカ石油産業には１８５９年以来、百数十年の歴史がある。国土は日本の約25倍という広大な面積を誇るが、この百数十年の間の地質調査で、くまなく、いたるところまで相当程度のデータが集積されている。収集した当事者以外には知ることはできない特別なデータもあるが、基本的なデータなら、比較的容易に、安価に、地質データのサービス会社などから入手することができる。そもそも最初にある事業に参画するかどうかの検討をする場合、それなりの地質データを入手し、評価を行っているはずだ。

もちろんシェール（頁岩）層がどのあたりに、どの程度の広がりでありそうかということも、ほぼ資料として入手可能だ。基本的なデータからは、該当するシェール層の中にどの程度の密度で石油あるいはガスが胚胎しているかなどの詳細はわからないが、シェール層の存在は確認できる。

したがって、アメリカでのシェール層の石油開発は、地下に石油や天然ガスがあるかどうかを調べる「探鉱」段階は終了していると考えられ、作業は次の「開発」段階から始まることを前提としているのだ。

「探鉱」段階と「開発」段階の大きな違いは、地下に石油あるいは天然ガスの埋蔵量があるかないかという、いわゆる「埋蔵量リスク」の有無の問題である。シェールオイルの場合は上記で説明したように「開発」段階から始まる、つまりすでに埋蔵量の存在は確認されている状態でのスタートなので、埋蔵量リスクはないと、普通は考えられている。

また、所要資金の大きさも異なる。「探鉱」段階と比べると、「開発」段階でははるかに大きな資金がかかる。シェールではさほどではないが、在来型ではまさに巨額の資金が必要とされる。

それで、「探鉱」段階では100％自己資金でプロジェクトを推進せざるを得ないが、「開発」段階になると、圧倒的な資金力を誇るスーパーメジャー以外は外部金融機関からの融資を受けることが多いのである。

また、融資を行う金融機関も、地下の埋蔵量を一種の「担保」として評価する。

住友商事が２０１４年９月末に巨額の減損を発表したシェール事業も、探鉱段階からの事業ではなく開発事業であったため、銀行団の融資を受けている。

国際協力銀行が２０１２年10月９日に発表したところでは、同年８月初旬に締結された住友商事の「タイトオイル開発プロジェクト」に対し、国際協力銀行分として住友商事向けに６億６０００万ドル、米国住友商事向けに７億７０００万ドル、国際協力銀行分の合計14億３０００万ドルを含む民間金融機関との協調融資の総額では、東京本社および米国法人に11億ドルずつ、合計22億ドルとなる融資を実行している。

なお、住友商事のＨＰの発表でも、国際協力銀行の融資契約に関する発表でも、本件は「シェールオイル」ではなく「タイトオイル」事業と表記されている。シェール層以外にも砂岩やシルト岩、炭酸塩岩などからなる硬い地層があり、シェール層と同じように、これまでは経済的に開発が困難とされていた。いずれも孔隙率（微細な穴の空き具合）や浸透率（滲み抜けていく度合）が小さく、ガスもオイルも地層内を移動することが困難である。これらのさまざまな硬い地層に賦存しているオイル（石油）を総合して、業界では「タイトオイル」と呼んでいる。

本書では読者の便宜を考え「シェールオイル」で代替している。

住友商事の事例を細かく説明したのは、デール指摘の第1点に反論するためである。つまり、なぜアメリカのシェール事業が「開発から生産までの期間が短い」のかについて、アメリカにおける石油開発の実態を理解してもらい、その上でアメリカ以外の国にも波及しうるものではないことを理解してもらいたかったのだ。

蛇足になるが、住友商事の失敗の原因について筆者の私見を述べれば次のとおりだ。

本件は、試掘したところ予想どおりの結果が得られなかった、というのが公式の説明である。だが、シェールオイルの試掘は、在来型の石油開発における開発段階にあたるとはいえ、試掘失敗と判断しなければならなかった場合には、試掘井1本ごとに失敗した掘削作業にかかった費用を、即、損金処理をすべきであった。ところが住友商事は、これは開発事業なのだから損金ではない、在来型の石油開発と同様に、将来、生産したら回収できる費用の一部だと認識して資産勘定に計上し、プロジェクト全体の損切り水準にまで溜まってしまった。これが実態ではないのだろうか。

井戸1本ごとの掘削で失敗が重なっても、四半期ごとの決算でその四半期に積み上がった損金を計上していれば、現場判断だけでなく、早い段階で経営上層部が内容を精査し、その進め方について関心を持ち、英知を集めた対応が可能だったのではないか、と筆者は判断する。

本件プロジェクトに参画した時の同社プレスリリース（「米国テキサス州におけるタイトオイル開発プロジェクトへの参画」２０１２年8月2日）によれば、13億６５００万ドルの権益取得対価に持分権益の開発費用を加え、20億ドルを段階的に拠出する、と述べており、減損処理した１７００億円は、１ドル85円換算でちょうど20億ドルになる。これ以上の追加投資は、新たな社内決済を取らなければ実行できないところまで未回収費用金額が溜まり、結局は一括減損処理を余儀なくされたのではなかろうか。

シェール事業の資金繰り

さて、次にデールの第二の論点に関するアメリカのシェール事業の実態、つまりはどれだけ外部資金に頼っているかについて考えてみよう。

アメリカのシェール事業は「開発」事業と認識されている。もちろんプロジェクトの質にもよるが、埋蔵量があるかないかは懸念事項ではなく、どの程度あるのか、オイルかガスか、あるいはオイルを含んだガスか、シェール層の地下深度はどの程度深いのか、岩盤の硬さはどうか、などが経済性を左右する要因である。

これまでに見てきたように、ガス価格が低迷している一方、オイル（石油）価格が高騰したため、シェールオイル事業に多くの中小の業者が参入してきた。中には昔ながらの「ワイルドキャッター」たちもいた。彼らの多くは資金能力がないため、外部からの融資に頼らざるをえない。一方で、リーマンショック以降の世界的な「ゼロ金利政策」により、金融市場には余剰資金があふれ、投資家たちは新たな投資先を探していた。

シェールオイルは埋蔵量リスクがない、あるのは価格リスクだけだ、との基本認識に基づき、余剰資金がシェール事業にも流れ込むことになったのだ。

シェール業者が資金調達する方法も、所有する「リース（アメリカ特有の「鉱業権」）」の有望度、業者の技術力、財務能力、経営手腕などとの兼ね合いもあり、株式や社債の発行、あるいは融資など多種にわたった。

中には、もろもろのリスクが高いため、ジャンクボンドと呼ばれる金利率の高い債券を発行することにより資金調達をしているところもある。

資金調達を行う場合、資金を供給する銀行も受け取るシェール業者も、価格リスクがあることは認識しているので、当然、ヘッジすることを考える。銀行の中には、投融資の「条件」として「ヘッジ」を要求するところもあるだろう。業者側も、安心して本業に打ち込むべく「ヘッジ」を行うだろう。だが先物市場に、ヘッジができるほどの流動性があるのはせいぜい1～2年先までだ。それ以降は改めて、その時のマーケットでヘッジし直さなければならない。

資金繰りに困窮しているシェール業者の中には、ジャンクボンドで資金調達し、２０１４年末から始まった石油価格の暴落で収入が減少したため、期日に金利を支払えなくなって連邦破産法第11章（チャプター11：再建型倒産処理手続き。日本の民事再生法に相当）を申請しているところも多い。

２０１５年第2四半期（4〜6月）に価格下落が一服状態になった時に、ヘッジし直したところは延命効果があったが、逆にヘッジを外したり、ヘッジの満期がきてしまったところは、お手上げになってしまった。

アメリカのニュース専門番組ＣＮＮの金融情報サイトが２０１６年2月11日に報道しているところによると（CNN Money "U.S. oil bankruptcies spike 379%"）、２０１５年にチャプター11を申請したシェール業者は67社で、２０１４年（14社）対比３７９％増だそうだ。２０１６年はもっと増えるだろうという。

どの程度の規模でチャプター11を申請する会社が増えるのかも興味があるが、油価の高かったはずの２０１４年に14社、２０１３年には15社もあった、というのは驚きだ。

ちなみにエクソンモービル（シェールガスで急成長し、アメリカ最大のガス生産会社となっていたＸＴＯエネルギーを２００９年に４１０億ドルで買収、その後も同社名でシェール事業を継続している）やシェブロンを始めとする大手は、すべて手元資金で事業を運営している。

このように、ジャンクボンドを含めた金融市場の大きさと、ヘッジが可能な先物市場が目の前に存在するアメリカにおいては、デールが指摘するように、確かにシェール事業が「外部金融に依存している」状態になっている。

投資決断のタイミング

では、デールの2点の指摘の妥当性をもう一度考えてみよう。

シェール事業は、投資決断から生産開始までの期間が短い、という点と、外部金融に依存しているという、この2点が米国外でも適用可能なのかどうか。

まず、シェール事業は投資決断から生産開始までの期間が短い、という指摘を考えてみよう。既述のように、アメリカの場合は石油産業百数十年の歴史の積み重ねがあるため、シェール事業では多くの場合「探鉱」段階は終わっていると考えられる。つまり事業者は「開発」段階から開始できる。これが、投資決断から生産開始までの期間が短くてすむ一つの理由だ。

在来型の石油開発では、まず鉱業権を入手して、それから探鉱作業を行わなければならない。多くの場合、交渉相手が政府機関となるため鉱業権入手には時間がかかるし、政府との契約に基づく義務作業（一定期間内に、一定以上の費用を投じて、「義務」として行わなければならない「作業」のこと）には、地震探査や試掘井の掘削が含まれるのが通例なので、探鉱作業にも数年はかかる。

このように、所要費用は開発作業ほどではないが、投資決断は探鉱作業の前に行わなければならず、必然的に生産開始までの期間は長くなる。

「在来型」とはコンセプトが異なるタイプの石油開発事業を、まとめて「非在来型」と呼ぶが、非在来型のチャンピオンであるシェール事業を、米国以外の国において、新たな探鉱作業をしなくても米国と同程度の精密度をもって地質データが揃っている国、シェール層そのものの存在と位置などが確実に確認されている国がどの程度あるのだろうか。

筆者は疑問視している。

シェール革命が始まって20年弱、シェールオイルの開発が本格化してからでも10年ほどが経っている。だが、米国以外でシェールオイル、シェールガスの生産が本格化したところはない。これは、米国外のシェール事業では、投資決断から生産開始までに要する期間が在来型と変わりがないことの証左ではなかろうか。

次に、シェール事業が外部金融に依存している、という指摘を考えてみよう。

これも「投資決断から生産開始までの期間が短い」ことと同一の理由が挙げられよう。アメリカ以外の国で、いかなる試掘も行わなくても確実なほど、シェール層の存在が確認されていなければ、「埋蔵量」を担保とみなして金融筋が融資することはできないだろう。

また、ジャンクボンドを発行するほどに成熟し、かつ拡大した金融市場がアメリカ以外の国での程度存在しているかも問題だろう。ヘッジを可能にする先物市場の存在も同様だ。

米ＥＩＡがシェールオイルの「技術的に回収可能な資源量」が豊富にあると有望視しているのは、ロシア、中国、アルゼンチン、リビアである。だが、これらの国で上記の条件が満たされているとはいえないため、筆者は首を横に振らざるを得ない。

以上の諸点を総合して考えると、米国のシェール事業で発生している「外部金融への依存」は、米国外のシェール事業や、世界中の在来型の石油開発事業では起こりそうもないのではないだろうか。

ただ、シェール事業のコスト削減に見られるように、生産性を向上させる技術革新は在来型でも、アメリカ以外の国でも起こりうる。いや、間違いなく起こる。

したがって、「高コスト原油」とみなされているカナダのオイルサンドや深海の油田開発、あるいはブラジル沖のプレソルト層や北極海の開発などの分野でも、コスト削減が実現する可能性が高いことは、デールの指摘の通りだろう。

まさに、長い間不可能と思われていたシェール層からのガスやオイルの採掘が可能となったシェール革命のように、技術革新と経済状況の好転によって、不可能が可能になることが起こりうるのが世の常、絶えず改善を求めて奮闘を続ける人間世界の現実なのだ。

ＣＯＰ21との関連性

２０１５年12月12日、難産の末、全世界の１９６の国と地域が揃ってＣＯＰ21パリ協定を採択した。

ＣＯＰ21とは「気候変動枠組条約第21回締約国会議」という長い名前を持つ国際会議で、地球上に生きる人類全てに共通の課題として様々な国や地域が連携して、環境問題に取り組むために開かれた。２０１５年11月30日に始まり、予定を１日延長して12月12日にようやく最終合意に至った。

環境問題への取り組みは、１９９２年ブラジルのリオデジャネイロ会議において「気候変動枠組条約」を締約したところから始まった。

この条約の目指すところを簡単にいえば、18世紀後半の産業革命以来、石炭や石油などの化石燃料を大量に消費してきた結果、地球上の気温が上昇し、このままでは人類存亡の危機にもつながりかねないので、気温上昇をもたらす温室効果ガス（以下、CO_2など）の排出を抑え、産業革命の前からの気温上昇を2度未満に抑える方策を考え、実行しよう、というものである。ちなみに既に1度以上、地球上の気温は上昇していると認識されている。

１９９７年に日本が主催国となって「京都議定書」を採択した。だが、先進国にのみ削減枠を設定し、達成を義務付けるという試みだったことと、最大のCO_2などの排出国アメリカが批準しなかったこと、さらに新興国の経済発展に伴い、中国やインドなどからの排出量が増加しており、先進国だけの試みでは実効性がないことなどの理由で、頓挫してしまっていた。紆余曲折の末、2009年にコペンハーゲンでCOP15を開催し、世界のすべての国に削減枠を設けることを目指したが、先進国と新興国の対立などもあり、失敗していた。そしてパリ協定で、ついに合意に成功した、というわけである。

ここでこのCOP21パリ協定の要点を振り返っておこう。それが石油価格の将来の動向を検討するために必要だからだ。

最大の特色は、世界の196の国と地域がすべて参加していること、2020年以降の温暖化対策の法的枠組みとして、一部には法的拘束力があり、一部は自主的な行動目標に留めている点にある。まさに外交の国、フランスのイニシアチブによる巧妙な構築物である。

仏オランド大統領が事前に主要各国を歴訪し、首脳外交を行うなどの根回しも功を奏したのだろうが、英BBC放送のマット・マグラス氏は「上質のシャンパンのよう」だと、議長を務めたファビウス外相の手腕を賞賛している。(BBCニュース日本語版「COP21、パリ協定を採択　温暖化対策で世界合意」2015年12月13日)。

パリ協定では、各国が自ら「作成」した削減目標を国連に「報告」し、5年毎に進展状況を自ら「検証」することは法的に拘束力を持つが、作成した削減目標の「達成」は義務づけられていない。この方式では、削減枠目標の達成が「義務」ではないことから、パリ協定の実効性に疑問を持つ向きもあるが、筆者は十分に有効だと評価している。

この巧妙な方式により、各国はそれぞれの国内事情を考慮しながら、国際社会に対するコミットメントをまとめあげることができる。相当程度「民意」を取り込む作業が必要になるが、その結果、削減目標達成を目指す政策実行も、大いに「民意」を味方にすることができるだろう。だから、義務ではないにしろ、目標達成への努力は加速するのではなかろうか。

とはいえCOP21会合の前に、各国が自主的に提示した「目標草案」を100%達成できたとしても、2100年には産業革命前対比2・7度上昇する見通しだ。何もしないケースでは4・5度、現在各国が採用している政策をすべて実行出来た場合でも3・6度の上昇が見込まれている。まだ「2度未満に抑える」という目標への道のりは険しいだけに、パリ協定が採択されたことの持つ意味は大きいと筆者は考えるのだ。

先進国と新興国の対立が原因で失敗したコペンハーゲンでのCOP15の経験を踏まえ、新興国の温暖化対策に先進国が資金支援を行う仕組みも導入することとなった。

新興国の主張の要は、現在の温暖化は先進国の経済発展がもたらしたもので、これから発展しようとしている新興国が先進国と同じ程度の重荷を背負うことは公平ではないという点にある。

新興国の主張も受け入れる形で、協定の枠外ではあるが、2025年までに先進国が新興国に年間1000億ドルを下限とする拠出額の目標を設定することで合意した。この「資金援助」の約束により、COP21は世界中の全ての国が参加して、「いかに地球に負担をかけずに世界が発展するかという新しい方法」(BBCマグラス氏)を採択することができたのである。

なお、パリ協定の発効条件は、世界全体のCO_2排出量の55%以上を占める55カ国以上が批准することである。

ちなみに2010年のCO_2など排出量実績は、中国22%、アメリカ14%、EU10%、インド6%、ロシア5%、日本3%となっており、これらの国・地域合計で60%を占める(みずほ総合研究所「COP21がパリ協定を採択　地球温暖化防止に向けた今後の展望」2015年12月18日)。

まずは中国、米国を含む排出量の多い国・地域が批准することが重要だが、2016年11月に予定されている米国大統領選の行方も重要だ。

1997年に採択された京都議定書は、当時の民主党クリントン大統領により署名されたが、その後、環境派のアル・ゴア民主党候補(前副大統領。環境問題啓発に貢献したとして2007年にノーベル平和賞を受賞)を破って2001年に就任した共和党のブッシュ(ジュニア)大統領が撤退を表明したこともあり、失敗に終わったという事例がある。

今回もオバマ大統領は積極的にCOP21を推進したが、もし次の大統領選挙で共和党候補が勝つと、前述のブッシュ大統領の事例のように共和党は、伝統的に産業優位の政策を志向しているだけに、大統領権限でパリ協定を批准しない可能性もある。そのため注視が必要だろう。

石油は「西から東へ」の時代に

このCOP21パリ協定を踏まえて、デールが指摘している「石油の流れ」の変化についての新常識に触れておこう。

まずは「西から東へ」について。

かつては中東から欧米へ、東から西へ石油は流れていた。資金はその逆で、西から東へ流れていた。だが、今の時代は、石油は「西から東へ」流れるというのだ。

この変化をもたらした重要なポイントは、需要面と供給面の両方の変化にある。

需要面では、西側先進国でエネルギーの効率的利用が進み、欧米における石油消費は約10年前にピークを迎え、それ以来一貫して下落傾向にある。日本も同様だ。

たとえばアメリカにおける新車の燃費効率は、10年前と比べ20％は改善している。今後、COP21パリ協定に基づく諸政策が実行されると、この傾向はさらに加速するだろう。

また「BP長期展望」によると、これからの20年間に、EUのGDPは4倍になると見込まれるが、石油消費は減少し、オイルショック前の水準に落ち着くと見られている。

なお「ＢＰ長期展望」は、デールがトップをつとめる調査部門が作成しており、デールの基本的見方・考えた方が反映しているものと思われるので、以下に「ＢＰ長期展望」から該当箇所の概要も交えて紹介しておこう。

石油消費が増えるのは、経済成長が見込まれる中国やインドをはじめとするアジア地域だろう。両国とも豊かな中間層が増加し（格差拡大よりも、「量」としての中間層の増加が大きなドライブ要因となるとの見方）、生活水準の向上とともに石油消費は激増するだろう。特に電力需要増と自動車の普及が大きく貢献する。２０３５年までの世界全体の需要増加量の60％は、この両国で占められることになろう。

両国とも輸入依存度が高まり、中国は４分の３ほど、インドは90％近くを海外からの輸入に頼ることになろう。

一方、供給面では、石油供給が増えると思われるのはシェールオイルを産するアメリカと、膨大なオイルサンドの埋蔵量をもつカナダを擁する北米地域だ。

アメリカは、２０３０年代には石油も自給できる（Oil Independence）ようになる。

このように、西の供給能力増と東の需要増とが相俟って、石油の流れは「西から東へ」変化するというのがデールの指摘だ。

デールはさらに、この流れの変化に伴い、資金の流れも「東から西へ」と変り、中国の経常黒字と米国の経常赤字の両立という、「いわゆる世界のアンバランス（so-called global imbalances）」も変化するだろう、としている。

さらに地政学上も大きな影響を与える、という。

アメリカの石油輸入依存度が低下し、２０３０年代には純輸出国になるという流れと、一方で中国の石油輸入依存度が増加する傾向は、エネルギー安全保障上、両国に大きな影響を与えるものと思われる、と指摘している。

ＯＰＥＣの機能は衰える

デールが指摘した、石油市場を安定化させる機能を果たしてきたＯＰＥＣの役割が低下するという、もうひとつの新常識も、実は環境問題と関係している。デールは次のように言っている。

歴史を振り返ってみても、ＯＰＥＣが石油市場を安定化させる機能を果したのは、次の３つの例にみられるように、一時的なショックへの対応であった。

ひとつは１９９９年にアジア経済危機のため需要が大打撃を受けた時に行った減産であり、

２つ目は２００８年から09年にかけてのリーマンショックで、世界大不況となり、需要の大幅減が見込まれたために原油価格が145ドルから35ドルに暴落したときに300万B/D近くの減産を行ったこと、そして3つ目が、2011年に「アラブの春」により重大な供給不足が生じた時に増産して対応したことだ。

　こうした一時的なショックから、石油市場を安定化させるために減産や増産という手段を用いるOPECの役割や能力は今でも不変だ。

　だが、とデールはいう。

　たとえば、一夜にして電気自動車の安価な大量生産が可能となり、ガソリンが不要となって石油需要が構造的に減少した場合、OPECに何ができるだろうか。このような「構造変化」にOPECは対応できないだろう、そして、「シェール革命」はまさに「構造変化」なのだ、と。

第五章　原油価格はどうなる？

辣腕経営者リー・レイモンドも止めた

ここまで最近の原油価格暴落の現状とその原因、過去の大幅下落を含む原油価格の歴史、価格決定のしくみ、さらには将来の価格推移に影響を与える構造上の変化について考えてきた。では、これから先、原油価格はどうなるのだろうか。

この章ではこの問題を考えてみたい。

ピューリッツァー賞を受賞したスティーブ・コールの名著『石油の帝国―エクソンモービルとアメリカのスーパーパワー』（ダイヤモンド社）に、新生エクソンモービルの指揮を取っていたリー・レイモンドにまつわるエピソードがいくつも紹介されている。レイモンドはかつてエクソンの会長兼CEOを務め、同じスタンダードの血をひくライバルのモービルを買収して、世界有数のスーパーメジャーを誕生させた辣腕経営者だ。

エピソードの一つが、将来の石油価格の予想は、いわば神のみぞ知る世界だ、と判断していたというものだ。

エクソンでは1940年代以来、経営戦略部門がエネルギー需要と石油価格についての20年予測を作成し、経営委員会に提出していた。

2000年、新生エクソンモービルの統合企画部門が作成してきた最初の予測を読んで、レイモンドが質問をした。

「1980年の時点で、2000年について何を言っていた？」

詳しく分析してみると、世界のエネルギー消費量見通しについては、わずか1％の誤差で正しく予想していたが、価格予想は大きく外していたことが判明した。

本書はこのエピソードを次のように伝えている。『石油の帝国』から引用してみよう。

「レイモンドたちは二つの結論にたどり着いた。一つ目は、新たな油層の発見を助ける技術革新をあまりにも軽視していたことだった。（略）二つ目は、地政学的な変化が石油価格に及ぼす影響が非常に大きいため、需要と供給の均衡のみに依拠した通常の価格見通しは現実的ではない、ということである。

レイモンドは、エクソンモービルの長期計画策定に価格予測を使うことをやめた」

レイモンドが退任する2005年12月、英「エコノミスト」誌は「戦闘的な、100年に一人の成功したオイルマン」と彼の経営手腕を讃えた（2005年12月20日号）。彼がトップとして君臨した12年間に、会社の時価総額は800億ドル（エクソン時代）から3600億ドル（エクソンモービル時代）に増加した。さらに同期間、680億ドルの配当を株主にもたらした。

さて、このように「100年に一人」というオイルマンであるリー・レイモンドも「使うことをやめ」ると判断した将来の価格予想を、浅学非才な筆者にできるわけはない。

そこで、長期的な見方をＢＰやエクソンモービルの長期予測に依拠し、価格に影響を与える諸々の要因がどのように動いて行くかを検討し、短期的な「傾向」を読み取ることを試みてみよう。

人口増が需要を増やす

まず需要予測だ。

長期的には、エネルギー需要は伸びていく。

２０３５年までの「ＢＰ長期展望」でも、エクソンモービルの「エネルギー長期展望２０４０年まで」(The Outlook for Energy : A View to 2040 ２０１６年1月発表、以下、「ＥＭ長期展望」) でも、需要は伸びていくと予測している。

両社が、需要増が起こると判断している基本的理由は、人口増だ。

現状72億人の世界人口が、「ＢＰ長期展望」は２０３５年までに88億人に、「ＥＭ長期展望」では２０４０年までに90億人に増えると予測している。この人口増に加え、人々の生活水準が改善するため、発電用や輸送用燃料を初めとし、全体としてのエネルギー需要は伸びるというわけだ。

ちなみに国連の「世界人口白書」２０１５年版では、２０３５年の世界人口は84億人から93億人で、中位推計（Medium Variant）で88億人、２０４０年は85億人から98億人で、中位推計では92億人としている。

もちろん技術革新と気候変動への政策対応により、エネルギー強度（Energy Intensity）およびCO_2強度（Carbon Intensity）は半分以下になるが、両社とも目標時期までにＧＤＰは2倍以上になり、エネルギー需要は25％（「ＥＭ長期展望」）、あるいは34％（「ＢＰ長期展望」）増えると見込んでいる。

エネルギー強度とは、聞きなれないかもしれないが、たとえばＧＤＰ1ドルを生み出すのに必要なエネルギー量のことだ。CO_2強度とは、同じくＧＤＰ1ドルを生み出すために排出するCO_2の量を指す。

これらはなじみの薄い発想だが、長期予測を行う場合には不可欠な思考方法だ。「強度」が半分になるということは、ＧＤＰが2倍になっても必要とするエネルギー量は不変で、CO_2排出量も増えない、ということだ。

エネルギーの効率的な利用が進み、生産性が向上する一方で、気候変動に対する政策対応が強化されて脱化石燃料化が進み、二酸化炭素回収貯蔵ＣＣＳの技術なども革新されて、相対的にCO_2排出量も減少する。

これらの結果、GDPは2倍以上になるが、エネルギー需要は2倍に増えることはなく、25〜34%増で、CO_2排出量も増えないというわけだ。

長期、短期の需要予測

一次エネルギーに占める各エネルギーの比率、すなわちエネルギーミックスは変化するとBP、エクソンモービルともに見ている。

各エネルギーの構成比率の2014年から2035年（「BP長期展望」）あるいは2040年（「EM長期展望」）までの変化をみると、石油と石炭が大幅に減少し、化石燃料全体の比率も下がる。非化石燃料の中では、水力は横ばいだが、原子力ならびに太陽光をはじめとする再生可能エネルギーは増える、としている。

このような変化はあるが、2035年あるいは2040年になっても一次エネルギーの中では石油が最大のシェア（「BP長期展望」29%、「EM長期展望」32%）を維持する、と両社とも判断している。石油以外の一次エネルギーでは、輸送用燃料と石油化学原料の代替が容易でないからだ。

長期的には、石油需要はゆっくりだが、BPは毎年0・9%、EMは毎年0・7%と着実に伸びていくとみているのである。

では、短期的な石油需要はどうだろうか？

「BP統計集2015」によると、世界全体の石油消費量は2013年の9124万B/Dから2014年には9209万B/Dへと0・93%伸びている。2015年の数値は2016年の6月に発表される予定だが、他機関の発表データを見る限り、再び微増となっているものと思われる。

たとえば産油国代表とでも言うべきOPECの「2016年4月月報」によると、2015年の消費量は対前年比154万B/D増えて9298万B/Dになったとしている。1・68%増だ。2016年にはさらに120万B/D増えて9418万B/Dになると予測している。こちらは1・29%の増加になる。

また消費国代表の米IEAの「2016年4月月報」では、2014年の9290万B/Dが2015年には1・83%増えて9470万B/Dとなり、2016年にはさらに1・27%増えて9590万B/Dになると予測している。

各機関の算定手法が異なるので絶対値は同一ではないが、伸び率あるいは増加量は近似している。

振り返ってみると、100ドル時代と言われた2010年から2014年の間も、「BP統計集2015」によると、対前年比で3・29%、1・26%、0・98%、1・55%、

0・92%と一貫して増え続けている。

100ドル時代であっても対前年比で増え続けた石油の消費量は、価格が半値以下となっている2016年4月現在、想定外の大不況となって世界中の消費が極端に落ち込まない限り、増えないわけはない。

2016年の消費量は、対前年比でOPECが1・29%増、IEAが1・27%増とみていることから、仮にさらなる景気後退があるとしても、1%以上の増加はほぼ間違いないものと思われる。

「一時的な混乱」とは

では次に長期的な供給がどうなりそうかを見てみよう。

BPもエクソンモービルも、彼らが作成した「長期展望」に石油の供給総量を記述していない。供給源としてシェールオイルやオイルサンドなど「非在来型」が増加するなどの分析はあるが、総量としては需要に見合うような供給が行われるとしているだけで、具体的な数字は見当たらない。

どこにも明確な記載はないが、第四章で見たように、「シェール革命」による供給可能量の増大と気候変動対応の政策措置による需要量の変動により、石油資源が将来枯渇するという可能性はなくなったと、両社とも判断しているようだ。

昨今の石油業界の論調は、かつて一世を風靡した「ピークオイル論」とは何だったのかと、振り返る必要性すら感じさせないほどで、石油枯渇への心配は不要というのが自明の理となっているようだ。

このように、長期的には供給面での問題はない。市場に一時的な混乱をもたらす供給不足はありうるが、若干のタイムラグを置いて解決されるとして、長期的に見た場合には、必要な量が必要な時に供給されると考えていいだろう。

ではここでいう「若干のタイムラグを置いて解決される」「一時的な混乱」について、もう少し詳しくみてみよう。

これは、近い将来、現実に起りうることなので、基本的な部分から少々説明しよう。

石油開発は、現時点では依然として「在来型」が主流だ。

「在来型」の石油開発というのは、投資決断から生産開始まで数年から10年単位の時間がかかり、生産を開始すると20～30年間続くものだ。プロジェクトの開始初期に巨額なコストがかかるため、操業コスト(OPEX, Operational Expense)、すなわち生産を継続するために要する変動コストが、全コストに占める比率は圧倒的に小さい。だから価格が下落しても、すぐには減産には結びつかない。いわゆる「価格強度(Price Intensity)」が低いのだ。

ちなみに開発初期にかかる巨大費用を「サンクコスト（埋没費用）」と呼ぶが、ある事業で、すでに投下してしまっている諸費用や労力のうち、事業の撤退、中止、縮小を決めても回収不可能なものを指す。

巨額のサンクコストが発生する石油開発事業では、過去のことは一度すべて忘れ、これから起こることだけを考える「ポイントフォワード」の思考法が大事なことについては、弊著『石油の「埋蔵量」は誰が決めるのか？』で指摘したとおりである。

価格と生産量の関係：在来型の場合

原油価格は2014年6月から2016年1月までの約1年半の間に70％ほど下落した。だが、生産量は減っていない。なぜだろうか。これを在来型の原油生産者の実態から考えてみよう。

米EIAが2016年2月11日に発表したレポート"Energy in Brief : Who are the major players supplying the world oil market?"によると、産油国各国の国営石油（NOC, National Oil Company）の保有原油埋蔵量は、2014年末には世界全体の埋蔵量1兆7000億バレルのうち、75％（1兆2750億バレル）を占め、2014年の世界合計生産量9320万B／Dの58％（5406万B／D）を、これらNOCがまかなっている。OPEC加盟国のNOCだけをみると、埋蔵量の73％、生産量の39％を占めている。またＯＰＥＣ加盟国のＮＯＣの生産量が世界全体の生産量に占める割合は39％だが、海上輸送による取引量は、ＯＰＥＣ加盟国のＮＯＣが販売している原油が世界の半分以上、56％を占めているという事実は、消費国の需要を賄うという点でＯＰＥＣの重要性が高いことを意味する。

埋蔵量の世界合計からＮＯＣの分を除いた25％（４２５０億バレル）と、同じく世界の生産量のうちＮＯＣ以外の42％（３９１４万B/D）は、国際石油会社（IOC, International Oil Company）が保有し、生産しているものだ。ちなみに、ここではシェール業者などの非ＮＯＣはＩＯＣの分類に入る。

ＯＰＥＣ加盟国のみならずたとえば中国の三大国有石油会社（CNPC, Sinopec, CNOOC）に代表されるように、世界中の国営石油ＮＯＣは、ほとんど経済的要因よりも政治的要因を優先して経営方針を決めている。だから生産量は、原油価格の市況変動とは無関係なことが多い。

２０１６年４月17日、価格回復を目指して「1月実績での生産据置」合意を目標としたドーハ会議は、土壇場で失敗に終わった。前日までに合意案の作成まで煮詰まっていたのだが、サウジの副皇太子ＭＢＳの「指示」により決裂した。

この「生産据置」協議は、ロシアがサウジに呼びかけて「イランなど他主要産油国の参加」を条件として2月16日に仮合意していたものの最終仕上げ作業だった。詳細は後に説明するが、背景には、経済制裁により政治的に生産を抑えられていたイランと、伝統的に余剰生産能力を保持しているサウジを例外として、ロシアをはじめとする多くの産油国が、低価格にも関わらず能力的に可能な限りの生産を行っているという事情がある。各国とも販売シェアの確保を最優先しているのだ。石油産業以外が発達していない彼ら多くのOPEC加盟国にとって、それが国としての生存を保つ唯一の方法だからだ。

一方、国際石油会社IOCは、株主価値を増加せしめることが最大の使命なので、経済的要因のみで経営方針を決めている。また多くのIOCの事業は在来型の石油開発が中心であり、短期的な価格の上下動により生産方針を大きく変えることはほぼない。開発段階に移行しているプロジェクトはサンクコストが大きいので、価格動向の如何に関わらずスケジュールに則って生産を開始する。これらは共に、その方が会社としてより大きな経済的成果が得られるからだ。

価格と生産量の関係：シェールの場合

だが、シェール業者と呼ばれる新興の中小石油開発業者は別だ。

デールが言うように、シェールオイル事業は、投資決断から生産開始までの期間が短く、減退開始が極めて早く、十分な生産量を維持できる期間も短い。開発段階から事業を始めているので、埋蔵量を担保として外部資金を調達することが可能だ。多くの中小業者がファンドや投資銀行などの外部金融に依存して資金手当てを行っている。

したがって理論上は、価格強度が高く、価格の上下動に敏感に反応して生産量の増減を行う性格を持っている。

一方で、実際の価格の上下動に対する「反応」の現れ方は複雑である。

中小シェール業者の多くは外部資金に依存しており、自主的に、あるいは金融業者からの資金調達の条件として、先物市場を使ったヘッジ・オペレーションを行っているので、いま目前の価格の上下動がそのまま中小シェール業者の経営判断につながるわけではないのだ。もちろん、ヘッジが効かない状態になれば、敏感に反応するようになるはずだ。

冷静に考えると、「シェール革命」によって生産量が急増したとはいえ、シェールオイルの生産量は依然として400万〜500万B/D程度だ。これは世界全体の石油生産量約9000万B/Dの数%でしかない。つまり、残りの九〇数%は、相変わらず「在来型」の石油開発事業により生産されている石油なのだ。

なお、「BP長期展望」によると、将来2035年になってもシェールオイルが石油生産に占める比率は約9%に留まっており、「EM長期展望」でも2040年に約10%程度と見込まれている。

つまり、少なくとも20年、30年先でも、石油開発の主流はやはり、在来型の石油開発なのである。

国営石油会社であるNOCは政治的判断により生産水準を決めており、国際的な石油会社のIOCが事業の中核に据えている「在来型」プロジェクトは、「階段状」にしか生産量は増えていかず、価格変動があってもほとんど方向転換をしない。両者とも「価格強度（Price Intensity）」は低い。

つまり価格変動に反応して比較的短期間に生産量が上下するのは、いや、できるのは、現在世界全体の生産量の数％を占めるシェールオイルだけなのだ。

一朝有事の際、対応できるのは

将来の価格動向を読む場合、「余剰生産能力（Spare Production Capacity）」を忘れてはならない。これは「在庫」と共に、政治動乱とか戦争あるいはテロ活動などが産油地帯などで発生し、想定外の供給阻害が発生した場合、供給面におけるクッション（緩衝材）として機能するものである。

２０１１年のアラブの春以降、リビア、イエメン、シリア、イラク、そして「イスラム国」と北アフリカや中東情勢の激動は留まるところをしらず、それらが米ロの外交方針に及ぼす影響を考えれば、どこにどれだけの「余剰生産能力」があるのかを知っておくことは、極めて重要だろう。

中東に石油供給の8割以上を依存しているにも関わらず、地理的に遠いということもあって、中東ならびに石油情勢に鈍感な日本の現状は、はなはだ心もとないと感じるのは筆者だけであろうか。

生産能力を持つためには多大な投資を必要とする。経済的要因のみを経営判断の根拠とする国際石油会社IOCの場合、余剰生産能力まで抱えることは経営的にありえない。もし余剰生産能力があるならば、その能力を遊ばせておかずにフルに動かして生産すべきなのだ。それが経済合理性に基づいて経営をするIOCに株主が期待していることだ。だからIOCには余剰生産能力はないと考えていい。

一方、国営石油会社NOCは、国家の多様な政策要因が経営方針を決めている。中でもOPEC加盟国のNOCは、OPECとしての政治判断もあり、折に触れ「減産」をすることでOPEC全体の利益の極大化を図ってきた。サウジは別格として、政策的に生産量を落とすことにより、余剰生産能力を持つこともある。また、カダフィ打倒後、内乱が続き、落ち着いた今でも2つの政府がともに正統性を主張して争っているリビアや、核疑惑をめぐる制裁で4年間にわたり生産が阻害されていたものの、ようやく生産・輸出量を増やしているイランのように、政治的理由で余剰生産能力を持つこともありうる。

総合的に考えると、余剰生産能力はＯＰＥＣにしかないということになる。その中でも歴史的に考えれば、サウジが最大の余剰生産能力を保持している。

「ＩＥＡ２０１６年4月月報」によると、２０１６年3月の生産実績に対して、ＯＰＥＣの余剰生産能力は２７１万B/Dで、その内サウジが２０７万B/D、イランが30万B/Dを占めている。他のＯＰＥＣは、悪天候や地域紛争などにより生産が一時的に減少しているイラク、ナイジェリア、リビアを除くと、合計34万B/Dなのでないに等しい。

繰り返しになるが、「余剰生産能力」とは、米ＥＩＡの定義では「30日以内に増産可能で、90日間維持できる能力」で、国際エネルギー機関のＩＥＡでは「３カ月以内に増産可能で、当分の間維持できる生産能力」としている。いずれにせよ、ある短期間に生産を開始でき、そこから相当程度の期間、維持できる生産能力のことだ。

つまり、短期間で持続可能な増産が可能なのは、サウジの２００万B/D強とイランの30万B/D程度なのである。

「ドーハ会議」決裂の意味

２０１６年２月、ロシアがサウジに「１月実績ベースでの生産量で据置」を呼びかけた。その後、２月16日にはベネズエラ、カタール同席の下、ロシアとサウジの間で「イランとイラクの参加」という条件付きではあるが、仮合意に至った。背景には、先に述べたように、ロシアを筆頭に各国の余剰生産能力がほぼなくなっていることがあるからではないかと考えられる。

繰り返しになるが、この仮合意が下地となり、２０１６年４月になって、ＯＰＥＣおよび非ＯＰＥＣ主要産油国が協調して生産を「据え置く（freeze）」動きが見られた。２０１４年末から始まった価格下落に対し、産油国による初めての具体的対応策だ。４月17日に行われた「ドーハ会議」である。

「ドーハ会議」には、ロシア、サウジ、ベネズエラを含め、18カ国が参加した。２０１６年１月の水準で各国が生産を「据え置く」という、サウジとロシアが２月16日に行った仮合意を、このときの参加18カ国で本格合意しようとしたのだ。

これを伝えた日本のマスコミは“freeze”を「凍結」と訳し、「増産凍結」の協議だとして伝えた。「生産凍結」では、生産がすっかり止まってしまうと誤解されるからだと思われるが、「増産凍結」では、増産能力はあるが増産しない動きだとの誤解を与えてしまう。これまで説明してきたようにロシアは、もはや余剰生産能力がないからこそ、今回サウジに協調を申し入れたものと思われるので、“freeze”は「据置」と訳すのが適切だろう。

「ドーハ会議」は土壇場でひっくり返ってしまった。イランの不参加は想定内だったはずで、それでも何がしかの合意が可能だと判断して18カ国が集まったのだが、正式会議開始の数時間前にサウジの副皇太子MBSから代表団に、「イラン参加が合意の絶対条件だ」との電話指示があり、会議は決裂に追い込まれてしまったのだった。

第二章でも述べたように、サウジ王室のホンネおよび具体的な動きは「厚いカーテン」に遮られ、外部からうかがい知ることが困難なのだが、それこそがサウジ王室統治の智恵だと認識されていた。にもかかわらず、MBSがこのように介入したことは、石油政策の最終決定権を持つ王族が、それまでのテクノクラートを石油相として対外交渉などの前面に出す方針から一大転換したものとみられる。

2016年5月7日、サルマン国王は内閣改編と新人事を発表した。石油相を21年間務めたナイミは王宮府顧問となり、長いあいだ後任と目されていたテクノクラートのファーリハ保健相（サウジアラムコ会長兼務）が予定通り、石油相に任命された。今回の内閣改造は、MBSが主導する「ビジョン2030」を推し進める体制づくりの一環とみられている。

この石油省の正式名称は石油鉱物資源省だったが、今回、エネルギー・工業・鉱物資源省と改められたので、エネルギー省と略称するのが相応しいだろう。おそらくは「ビジョン203

0」に沿って原子力や再生可能エネルギーなども統括することになるのだろう。いずれにせよ、MBSの経済改革案である「ビジョン2030」の具体化には、サウジアラムコの民営化が中核をなしており、ファーリハ新エネルギー相への期待は大きい。ただし、対外交渉にもMBSが自ら乗り出してくるのか、注目される。

これらの動きが、王族の長老たちによる合議という伝統的意思決定システムとの不協和音に聞こえるのは筆者だけであろうか。

チャプター11申請

では、一方の国際的石油会社IOCの余剰生産能力、特にシェールオイルについて、現在アメリカで起こっていることから分析してみよう。原油価格の暴落によってシェールオイルの生産が減少しているが、実はこれが「余剰生産能力」につながっているのではないか、という疑問である。

現状はこうだ。

アメリカではシェールオイルが減産となっている一方、価格暴落前から開発段階にあったメキシコ湾深海の石油開発プロジェクトの生産が徐々に始まっている。これがアメリカ全体の原油生産量の減少を小さなものにしているのだが、それぞれが経済合理性に基づいた経営判断の結果である。

「在来型」のメキシコ湾深海の石油開発についてはすでに何度か説明したように、巨額の初期投資がなされているので、よほどのことがない限り方向転換がなされることはない。

一方、財務体力の弱い中小規模のシェール業者は、石油価格の低下により外部からの資金手当てを継続できなくなるところが出てきている。金利支払いが滞ったり、融資期間が終了したので借り換えようとしても借り換えられない事態である。

彼らが持つ優良な資産は、体力のある会社、あるいは原油価格を強気に見ているファンドなどに買われている。シェール事業への資金の流入は、まだ完全に止まったわけではない。

また、資金繰りがつかなくなり行き詰った会社も、連邦破産法第7条（チャプター7：事業清算型倒産処理手続、日本の破産法に相当）ではなく、日本の民事再生法にあたるチャプター11で倒産するところが多く、シェールオイルの生産はほとんどが継続されている。

筆者がニューヨーク勤務時代に法務の専門家から受けた説明がわかりやすいので、紹介しておくと、チャプター11とは、「申請した時点で、その会社にとって有利な契約は継続するが、不利な契約はすべて履行を止め、事業を継続しながら会社の再建を図る」というものである。

具体的には、シェール業者がチャプター11を申請すると、その時点での債務はすべて支払いを凍結する。不利な契約は履行しなくても構わない。一方、債権は回収する。また新たに収入を生む事業は継続する。したがって、生産にかかる「当座の費用」との対比で、予想される収入の方が大きい場合は生産を継続する。その方が会社にとって有利だからだ。こうしながら会社の再建を図る、というわけだ。

なお「当座の費用」とはＯＰＥＸと呼ばれる費用のこと。直訳すれば「操業費用」となる。生産に至るまでに費やされる巨額のＣＡＰＥＸ（Capital Expenditure 資本費用）に対して使われる用語である。

第四章で既述の通り、２０１５年には少なくとも67社のシェール業者がチャプター11を申請した。

少々古いが、米業界専門誌である“Oil & Gas Financial Journal”が２０１５年10月15日に“Recent Chapter 11 Filings（最近のチャプター11申請）”と題して報じている記事の内容を紹介しよう。

各シェール業者がチャプター11を申請した時点で、保有していた資産と債務の金額を並べると次のようになっている。

社　名	資産額	負債額
ブキャナー・リソーシーズ	4700万ドル	1億4300万ドル
クイックシルバー・リソーシーズ	12億ドル	23億ドル
デューン・エナジー	1億9800万ドル	1億5000万ドル
サラトガ・リソーシーズ	1億1000万ドル	2億1900万ドル
サビーネ・オイル&ガス	25億ドル	29億ドル

これらの会社がその後どうなったかは、次のように報じられている。

ブキャナー・リソーシーズは、債権者が4400万ドルで会社を買取り、再建完了。事業は継続中。

デューン・エナジーは、金額は不明だが、保有資産をブロックごとに売却して解散した。購入した先が生産を継続しているものと推察される。

クイックシルバー・リソーシーズ(以下、クイックシルバー)、サラトガ・リソーシーズおよびサビーネ・オイル&ガス(以下、サビーネ)は、依然として再建途上にあるが、2016年3月に興味深いニュースが報じられた。

サビーネが、パイプライン会社との輸送契約の解除を求めた訴えを裁判所が認めた、というニュースだ（"US bankruptcy judge lets oil company shed pipeline contracts" Financial Times, March 9, 2016）。

これまで、輸送などいわゆる「中流」部門の契約は、長期の変更不可能な「聖域」だと認識されており、投資家が安心して投資していた部門だったのだが、もはや「聖域」とはいえないのではないか、と注目を集めているのだ。

チャプター11申請は、債務者（旧経営陣）が再建計画を裁判所に提出することから始まる。通常は旧経営陣からなる占有債務者が管財人として事業の再建を図るのである。

記事によると、サビーネは、再建作業の一環として、何年か前に締結したパイプライン会社との輸送契約の条件を改善すべく交渉を行ったが同意が得られず、これが再建の妨げとなっているとして裁判所に、「契約の解除」を認めるよう求めた。油価が暴落しているのでパイプライン輸送の相場も下がっていると思われ、サビーネは新たに契約を結び直すことにより1億1500万ドルの費用削減ができる、というのである。裁判所はこの訴えを認めた。

前述のとおりサビーネの保有資産と債務の差額は4億ドルである。そのうちの1億1500万ドルの削減ができるのだから、サビーネにとっては朗報だ。再建作業が進展するものと推測される。

また、クイックシルバーもガス集荷に関わる契約の解除を求めて裁判所に訴えているとのことで、こちらの裁判の行方も注目されている。

このように、チャプター11を申請して倒産し、会社の再建を図っているシェール業者は、ほとんどのところが生産を継続しているのだ。生産を中止するのは、収入がＯＰＥＸを下回るほど生産効率の悪い坑井だけである。

隠された余剰生産能力

さて、ではアメリカのシェールオイルには「余剰生産能力」は存在しないのであろうか。

すでに見たように、余剰生産能力はほぼサウジとイランにしかない。生産中のシェールオイルは当座かかる操業費用、すなわちＯＰＥＸが賄える限りは生産を継続している。シェール業者が倒産しても、事情は同じだ。つまり、生産能力がある限り生産が行われているのだ。

実は、なかなか実態が摑めないが、シェールオイルには価格が回復した場合、比較的短期間に生産が開始されるものが数多くあると筆者は考える。掘削リグを使用し、シェール層への水平掘削まで実行済みだが、最後の水圧破砕などの仕上げ作業を行わずに、その段階で休止している坑井がたくさんあるというのだ。業界ではＤＵＣ（Drilled but Uncompleted 掘削済みだが未仕上げ）坑井と呼んでいる。

価格大暴落の中で、２０１４年末からシェール業者も生き残るためにいろいろな方策を採ってきた。サブコンとの交渉や人員整理によりコスト削減も行った。パッドドリリング（詳しくは231ページ参照）などの活用による生産効率の拡大も図った。価格が60ドル前後に戻った2015年第2四半期にタイミングよくヘッジをしたところもあるだろう。対応は会社の体力により様々だ。

比較的体力のあるシェール業者が行った対策の一つが、このDUCだ。水平掘削までは実行するが、それ以降の水圧破砕の作業などの仕上げ作業を行わず、市況の回復を待つ、という作戦だ。

掘削が終了してから、専門作業員を手配し、必要な資機材を用意して仕上げ作業を行うまで、どうしてもタイムラグが生じる。この通常のプロセスでも発生するタイムラグを、意図的に長くする方策だ。

価格暴落が始まった2015年初頭から、これを行うところが多く出てきたのだそうだ。

「掘削済みだが未仕上げ」という状態

なぜDUCを行うのか、背景を少々説明しよう。

アメリカの場合、鉱業権は土地所有者に所属し、「リース」という形式で鉱業権の売買が行われていることは既に説明したとおりだが、「リース」契約の条件の一つとして、井戸を掘削する義務が定められている。「リース」として地下の鉱業権を一定期間、第三者に供与する土地所有者から見れば、掘削をして石油・ガスを掘り当て、販売して得られる収入の一部こそがロイヤルティとして自らのものになるため、鉱業権を譲り渡した業者には掘削作業をしてもらうことが望ましいからだ。

これらの「リース」契約は、私人・私企業間の取引であるため、対外的に公表する義務はない。だから詳細は一切不明だが、この掘削義務作業に関わる条件はケースバイケース、個別に異なるが、「1年間に何本以上掘削すること」という形で、「リース」契約には必ず含まれているそうだ。また、「リース」の契約期間もその時々の需給バランスによって異なるが、シェールブームに沸いていた頃は5年間というのが多かったとのことだ。

このように「リース」を確保してシェール開発に従事しているシェール業者は、ある期間にある本数の井戸を掘削する契約上の義務を負っている。

また、掘削リグ会社との契約も、1本あたりの井戸コスト（掘削から仕上げ作業の完了までの総費用）を低減させるため、1日あたりいくら、との価格条件で、半年とか1年間の契約をしているのが通常だ。

つまりシェール業者は、掘削リグ会社との契約期間内により多くの坑井を掘削すれば有利になる契約を結んでいる。もちろん期限前解約も可能だ。

シェール業者は、油価が大幅に下落すると、解約料を考慮しながら、契約に定められた期間いっぱい有効に使用するかどうかの経営判断を要求されるのだ。

2014年末からの価格暴落の中で、稼働掘削リグ数が大幅に減ったのは、おそらく相当数が事前解約されたためだろう。

ちなみに2016年4月29日現在、アメリカで稼働している陸上掘削リグの数は332基で、ピークだった2014年10月10日の1609基と比べると、約79％も減少している。

このようにシェール業者は、「リース」契約およびリグ契約上、坑井を掘削する義務を負っているが、原油価格が暴落していて、生産を開始して得られるだろう収入が投下する費用を下回るような状況の中では、仕上げ作業まで行い、生産を開始することは経済合理性に合わない。したがって、リース契約上の義務があるので坑井を掘削し、水平掘削まで行って、そこで作業は中断する。水圧破砕などの仕上げ作業を行って生産を開始するのは市況回復まで待とう、ということなのだ。

仕上げ作業に要する費用は、一般的には坑井を1本掘削する「井戸コスト」と呼ばれる全費用の4分の3ほどかかるといわれている（“DUC, DUC, Production Boost?” Rigzone, Dec 14, 2015）。

ある業界関係者はこのような坑井が、もはや3桁ではなく4桁の数で存在していると噂されている、という。

市況が回復し、しばらく満足のいく価格水準が続くと判断されると、いわば野球の試合でネクスト・バッターズ・サークルにいる次の打者が、出番が来たとばかりに打席に立つように、水圧破砕などの仕上げ作業を行い、生産を開始しようというわけなのである。

次の項で説明するように技術革新が進んでいるため、坑井1本あたりの生産量は、シェールオイルの主要生産地であるノースダコタ州のバッケンやテキサス州のイーグルフォードにおいて、2015年5月の平均600B/Dから2016年5月には800B/Dに向上したと見られている（EIA "Drilling Productivity Report" Mar, 2016）。もし、4桁の本数で待機中の坑井が1本あたり750B/Dの生産が可能だとすると、1000本としても75万B/Dの生産が短期間に追加で可能になるということである。

これは一種の余剰生産能力だ。

技術革新でさらに強靭に

坑井1本あたりのコストは下がり、生産性は格段に上がっている。

様々なコスト削減策が実行に移されているためだが、油価が大幅に下落したことによって、より効率的な作業を目指して現場の技術者たちはさらに技術革新を進めている。

たとえば「パッドドリリング（Pad Drilling）」と呼ばれる技法が導入されてから久しい。これは、掘削リグ契約が1日あたりいくらという費用計算になっているので、リグの移動や準備作業に要する日数を減らして、実際に掘削する実稼働日数を増やす方策として工夫され、考え出され、導入されたものだ。

実稼働日数を増やすためには、休止期間を減らすしかない。休止期間で長いのは、掘削リグの移動である。また、目的地に到着すると掘削リグを組み立てる必要があり、次の目的地に移動する場合にはたたむ必要がある。この作業時間も無視できない。

少々専門的になるが、パッドドリリングの手順を簡単に説明すると、地下のシェールオイル・ガスが潤沢にあると思われる地点で、複数箇所から連続して掘削をする方法で、次のようになる。

掘削目的地に到着してリグの組み立てを行い、掘削を開始する。まず垂直に掘り進んで、シェール層に到達したら水平掘削を行い、望ましい間隔で複数の水圧破砕を行う準備をする。一箇所から違う方向へ複数の坑井を掘ることができるので、リグを移動させずに3本くらいの坑井を掘削する。こうして一箇所での作業が終了したら、同一地点内の少し離れたところへ移動する。重いリグを、水圧を利用したりあるいはうまく滑らせたりして移動させる。こうすることにより、いちいちリグを解体したり、組み立てたりする手間が不要になる。そして再び、同じように一箇所から3本くらいの坑井を掘削する。これを数回繰り返す。

同一地点内で複数の箇所から複数の坑井を掘削するので、リグが一箇所に到着して組み立てを開始してから、何回か移動して掘削を行い、すべての作業を終了して再び解体するまでに、合計10本以上の坑井を連続で掘削することができるようになったのである。

このパッドドリリング法が導入されたことにより、掘削コストは格段に引き下げられた。掘削リグ数が減少しているにも関わらず、生産量が減少しないという現象の背景に、このような技術革新があったとわかれば納得もいく。第一章で触れた掘削リグの稼働数が減っているのにシェールオイルの生産量がさほど減っていないという事実に思いあたる。シェールオイルの強靭性だ。

もう一つ、シェールオイルの生産性を大きく向上させた技術があるので、それにも触れておこう。

一時「水圧破砕」、「水平掘削」に次ぐ新技術として喧伝された「マイクロサイスミック」という、最適な掘削の場所を探し当てる方法だ。水圧破砕を行う際に発生する振動波を収集、分析することで、水圧破砕でできた人工的な割れ目がどの方向に、どの程度広がっているかを把握し、水圧破砕を行う位置間隔や、並行した複数の水平掘削層の間隔幅を最適化する作業に役立てる。こうすることにより、むやみやたらに掘削して坑井数を増やさずに、また目的ゾーンが重複する無駄を避けることができるというわけだ。

この「マイクロサイスミック」を利用することで、無駄な坑井掘削や、水圧破砕を行わずに済むようになり、前述のパッドドリリングの効用も十二分に発揮できるのである。

シェール革命とは、それまで無理だと思われていたシェールガスの経済的生産ができるようになったことから始まった。当初は垂直坑井のみで、シェール層に到達したときに水圧破砕を行うことでガスを坑口に集めていた。その後「水平掘削」の導入によりさらに経済性が改善された。一つのシェール層に複数の坑口を設け、坑井1本から集められるガスの量が増大したからだ。

この技術の導入が、ガスと比べると重いために集めにくいオイル（石油）の生産も可能にした。おりから原油価格が高騰する一方、ガス価格が低迷していたこともあり、開発業者はシェールガスからシェールオイルへ事業の重点を移していった。こうした技術的進歩が2005年以降、シェールオイルの生産活動に、そして2010年以降の大増産に結びついたのだ。

2016年の供給量見通し

シェール革命の技術的進歩などを含め、長期的観点から原油の供給量の動向について概観してきたが、これらを踏まえ、短期的な予測に挑戦してみよう。

非OPECの原油生産量について、「OPEC2016年4月月報」は、2015年は前年比146万B/D増の5713万B/Dだったが、2016年は73万B/D減少して5639万B/Dになるだろう、と見ている。

一方、「IEA2016年4月月報」は、2015年は前年比140万B/D増の5770万B/Dだったが、2016年は70万B/D減少して5700万B/Dになるだろうと予測している。

つまり、両者とも2016年は対前年比約70万〜73万B/D程度の原油供給減を見込んでいるのだ。

OPECの生産量については、両者とも予測をしていない。需要量予測から非OPECの供給量を差し引き、「OPEC原油への需要」とみる、という導き方をしている。理論的にはOPECの調査部門がOPECとしてここまで生産しても需給バランスは不変、生産量が多いと在庫に回り、少ないと在庫からの供給が必要だと考えて、作成した数字である。結局、OPEC各国の生産量は、政治判断が入る余地が大きいので予測は不可能、いや無意味と判断しているのだろう。

2016年の「OPEC原油への需要」量について「OPEC2016年4月月報」は、前年比180万B/D増の3150万B/Dとしている。

一方、「IEA2016年4月月報」では、2016年のOPEC原油への需要は、

2015年の生産実績3216万B／Dより6万B／D少ない3210万B／Dとしている。

では、価格に影響をもたらす基本的要因である需要と供給のバランスは、今後どうなっていくと考えられるだろうか。

2016年初めまで、供給量が需要量より100万～200万B／Dも多い状態が1年半以上続いている。「IEA2016年4月月報」によると、2015年には170万B／Dが供給過剰で在庫増となっており、2016年も第1四半期および第2四半期は150万B／D、第3および第4四半期は20万B／Dの供給過剰が継続するとみている。つまり、需要量が供給量に追いつくのは、すなわちリバランスを達成できるのは、早くても2017年にずれ込む可能性が大きいと見ている。

さらに、2014年の夏から今日まで、さらに続いて2016年末か2017年までの期間、つまりリバランスが達成できるまでの2～3年間に積み上がる在庫の問題がある。これらの在庫は、いつか市場に供給される。本当の意味でのリバランスは、これらの在庫が片付くまでは達成できたとはいえない。

したがって、もし地政学上のリスクが爆発し、どこかで大規模な生産阻害が発生しない限り、早くても2017年末まで現在の供給過剰がもたらす安値基調は残ると見るのが妥当だろう。

エクソンはなぜ読み違えたのか

将来的な需給予測の見通しがたったところで、いよいよ原油価格の将来動向について占ってみたいところだが、ここでリー・レイモンドが率いる新生エクソンモービルが2000年に出した結論を思い起こそう。

彼らは、1980年に作成した2000年までの20年間の長期予測と、2000年の現実とを比較対比して検証した。つまり、20年前に予測したとき「何を見落としていたか？　何を正しく見ていなかったのか？」を分析したのだ。その結果、需要量の予測は驚異的に「1％の誤差」だったが、価格予測はまったく当たらなかったことを見出した。価格予測が外れた理由を精査した結果、「需要と供給の均衡のみに依拠した通常の価格見通しは現実的ではない」との結論に達し、エクソンモービルは2000年以降、毎年作成している長期予測から価格を外したのだった。

価格予測が外れた理由は、技術革新のスピードと地政学上の変化が価格にもたらす影響を定量的に折り込めないことにあった。

この20年間の「技術革新」とは、他にもあるが、最も重要なのはコンピューターの発達だ。コンピューターの発達により、地質データの集積、解析のスピードが様変わりした。必要な時間が大幅に削減され、解析精度も向上し、いわゆる「発見開発コスト」（探鉱および開発段階に要するコスト）は大幅に減少した。

一方、地政学上の変化は多種多様だ。

エクソンチームが20年先の長期予測をした1980年は、イラン・イスラム革命に端を発した第二次オイルショックが発生した翌年だ。まだOPECが価格決定権を握っていた時代である。OPECが決める政府公定価格が市場を支配していたのだ。

その後に石油市場を襲った大変動については既述のとおりだが、もういちどここで、ざっとおさらいをしておこう。

1986年に逆オイルショックが起こり、80年代半ばから先物市場が興隆を極めたこともあって、価格決定権は市場に移った。歴史的な構造変化だったことはすでに述べたとおりだ。OPECは、足並みが揃わぬことがありながらも、増産・減産を実行することにより、市場価格に影響を与える役割をもつだけの存在になってしまった。調整役になった、と評する論者もいる。

1991年には湾岸戦争が起こり、97年にはアジア通貨危機が発生した。世界景気は後退していたにもかかわらずOPECは同年、ジャカルタ総会で増産決議をして、価格暴落を招いた。「ジャカルタの悲劇」だ。

このようなことから、1980年代半ばから下落し、低位で推移していた原油価格は、90

年代末、もうしばらく上がることはないだろうと思われるようになっていた。1バレル10ドル台前半でもそれが、「ニューノーマル」（当時この言葉はなかったが）と判断されていたのだ。「ニューノーマル」がIOCの大再編を引き起こし、2000年にはセブンシスターズに代わって、現在のスーパーメジャー4社体制をもたらした。

多くの地政学上の変化が起こり、価格予測を不可能にしたのだった。

もう少し長いスパンで歴史を振り返ってみれば、1928年のアクナキャリー協定以来、1973年の第一次オイルショックまでの四十余年間、「セブンシスターズ」と呼ばれた大手国際石油会社が需要予測を行い、需要に見合うように供給をコントロールすることで価格の安定を図ってきた。当時はまだ、一次エネルギーに占める石油の比率が低かったこともあり、この方法が通用した。

世界全体の一次エネルギーに占める石油供給の比率は、アクナキャリー協定が締結された1928年には11％、第二次世界大戦が終わった1945年には19％、OPECが結成された1960年には33％だったが、第一次オイルショックが起こった1973年には47％となり、石炭を追い抜いてもっとも重要な一次エネルギー源となっていた（『原油価格――その歴史と仕組み』）。

このように、石油の比率が高まり、余剰生産能力がほぼゼロになっていた時に発生した第一次オイルショック以降、需要動向をみながら生産量を調整して価格を安定させるという方法は通用しなくなった。

第一次オイルショック時、ＯＰＥＣは石油を「武器」として利用し、イスラエルの味方をする各国向けに禁輸や供給削減を行い、産油国取り分の計算根拠であり、実質的に市場価格となっていた公示価格を一方的に引き上げた。また、サウジなど主要中東産油国は、第一次オイルショック直後から順次、事業参加のプロセスを経て、１９８０年にはサウジ、イラン、クウェートなどすべての国が国有化を完了しており、もはやセブンシスターズが生産量をコントロールできる状態ではなかった。

エクソンの企画部隊は、このような環境下にあったにもかかわらず、１９８０年に旧来のやり方で２０００年までの需要予測を行い、各産油国の供給量を推定し、その上で価格見通しを行っていたのだ。

リバランスへの阻害要因

現代は、市場が価格を決める時代である。もっと正確に言えば、市場参加者がもろもろの要因を考慮し、こうなるであろうと判断して売買を行い、その結果として価格が決まる時代なのである。

したがって、市場参加者が考慮するだろう諸々の要因こそが、価格を決める重要な要素だ。需給のリバランスの見通しについては、ＯＰＥＣとＩＥＡの予測が市場参加者共通の判断材料となっている。つまり何も起こらなければ、リバランスは２０１７年中ごろには何とか達成できる、と見られている。

だが問題は、そのリバランスが早まったり、遅くなったりすることがありうるのか、ありうるとしたらどのような要因が考えられるのか、ということだ。

市場参加者はこれらをどう見ているのだろうか。

需要面で懸念されているのは、中国をはじめとする新興国のエネルギー需要増加のスピードが減速し、それによって石油消費量がどう動くかという点だ。ＯＰＥＣおよびＩＥＡが予測した想定需要量より落ち込むのだろうか、落ち込むとしたらどの程度か？

これは世界の景気動向を見ることである程度の予測ができるだろう。ＩＭＦ（国際通貨基金）や世界銀行などが発表する成長率予測の推移を見ていれば、大きな方向性を見間違えることはない。

一方、供給面では「地政学上の変化」が起こる可能性がいくつもある。

なかでもＯＰＥＣをはじめとする産油国が、現行の「価格は市場に任せる」政策をどこまで維持するのか、いや、維持できるのかが最大のポイントだろう。

ＯＰＥＣのほとんどの国が石油収入に国家財政の大半を依存している。長く続いた１バレル１００ドル時代に少しずつ「貯金」をしていた少数の産油国以外は、現在の低油価に喘いでいる。国民の生活は破綻寸前で、いつ暴動が起こってもおかしくない状態にあるところが多い。

さらに、原油価格の下落は他の資源価格も引きずり落とすこととなり、資源国全般にわたって疲弊しはじめ、それがひいては世界経済全体の足を引っ張っている状態だ。だが、世界経済が沈没することは、産油国にとっても望ましいシナリオではない。

どこかで石油供給を大きく阻害するような地政学リスクが爆発すれば別だが、そうでなければ、ＯＰＥＣをはじめとする産油国が協調減産に舵を切り替える可能性はゼロではない。特にサウジとイラン以外の産油国には「余剰生産能力」がない、という事実は重い。減産でなくても、生産水準をある段階で「据え置く」だけでも効果はある。２０１６年4月17日の「ドーハ会議」は失敗だったが、何らかの形でこの構想が実を結ぶ可能性は残されている。

減産あるいは生産据え置きの合意が、リバランスが早まる最も可能性の高い筋書きだ。

次にいくつもの地政学リスクが爆発する可能性が考えられる。

たとえばナイジェリアやベネズエラの社会不安だ。社会不安が石油生産を阻害するほどにまで拡大する可能性はある。

また、「イスラム国」に共鳴する過激派が産油地帯でテロ活動を行い、原油生産が妨害される可能性もある。

理由が何であれ、生産が阻害され供給量が激減した場合には、いわゆる「余剰生産能力」のみが頼りだ。

しつこいようだが、「余剰生産能力」とは、米ＥＩＡの定義では「30日以内に増産可能で、90日間以上維持できる能力」となっている。

ＩＯＣ（国際石油会社）は市場が許す限り能力一杯の生産を行っている。国家が経営方針の決定権を握っている産油国のＮＯＣ（国営石油会社）でも、２０１４年末から始まったマーケットシェア獲得争いにみられるように、ほとんどのＮＯＣが能力一杯の生産を行っているため、今ではサウジとイラン以外に大きな「余剰生産能力」はないことも既述のとおりだ。

米ＥＩＡは２０１５年末現在、世界全体の「余剰生産能力」は１５０万～２００万Ｂ／Ｄ程度と見ている（EIA "What drives crude oil prices?" Apr 16, 2016)。これはＩＥＡの想定より小さい。

米ＥＩＡは、余剰生産能力が２５０万Ｂ／Ｄを下回ると、通常は市況が堅調に転ずる予兆なのだが、今回は膨大に膨れ上がった在庫が存在するのでそうなっていない、としている。だが、１５０万～２００万Ｂ／Ｄとは、たとえばベネズエラ（２０１４年生産量２７０万Ｂ／Ｄ）とナイジェリア（同２４０万Ｂ／Ｄ）の２カ国の生産が半減しただけで失われてしまう数量だ。

両国とも現在、低油価により大きなダメージを受けている。生産を阻害する社会不安が高まり、暴動等が発生する可能性は皆無ではない。

では、膨大な在庫があるから原油価格が高騰することはない、という米ＥＩＡの見方は正しいのだろうか。

確かに、生産量プラス在庫マイナス消費量は、ベネズエラとナイジェリアの生産が半減しても、数字としては石油不足には見舞われない。供給量の減少を補ってあまりある在庫があるからだ。

筆者の短期予測

だが筆者は、価格は急騰すると判断する。

なぜなら市場に参加している人たちは、目先の需給バランスより将来の需給バランスの見通しを判断材料とするからだ。

彼らはこう考えるはずだ。

在庫を持っている人は、価格が上昇局面に入った時には、これまでもそうだったように、在庫を持ち続けることの方がより大きな利潤を生むと判断するはずだ。在庫の資産価値は増加する。

日本の石油会社が2015年3月期および2016年3月期に大きな損失を計上せざるを得ないのは、保有している在庫の評価損が大きく出るからだ。原油価格が上昇すれば、逆のことが起こって評価益が出る。

だから在庫保有者は、そう簡単に在庫を減らす行動には出ないだろう。在庫から供給する場合でも、上昇している市場動向に水を差さないようにこっそりと行うだろう。したがって、価格下押し要因にはならない、と。

このように地政学上のリスクで供給阻害が発生すると、実際は「不足」していないにもかかわらず、価格は上昇するものなのだ。

何事かが起こらなくても、需給のリバランスが視野に入ってくると、市場は間違いなく上昇基調に転ずるのも同じ理屈からである。

また、石油業界の人たち、あるいは石油業界に通暁した投資家たちは、現在の低油価が大手石油会社の資本費用CAPEXを大きく削減していることが、近い将来の新規供給量の大幅減少に結びつくことを知っている。

ご存知のように大手国際石油会社を始め、すべての石油・ガス会社が、2015年に続き2016年もCAPEXの大幅削減を予定しているが、実はこれらのCAPEXは、新規供給量のためだけではなく、現行生産能力を維持するためにも必要なものなので、CAPEXの削減は、既存油田からの供給量も減少させることになるのである。

重要なことなのであえて追記しておくが、「EM長期展望」には、2014年から2040年まで一次エネルギー全体で25％の供給増を予測し、その中で石油が20％増、天然ガスが50％増と見込んでいるのだが、そのためには石油・ガス産業で毎年7500億ドルのCAPEXが必要となるとしている。そのうちの85％（6375億ドル／年）は、現行の生産能力を維持するために費やされるものだ、と記載している。

生産水準を維持するためにも、多額のCAPEXが要求されるのである。

結論を言おう

もし産油国が政治的判断に基づいた減産をしなくても、また世界中で石油供給を阻害する地政学リスクの暴発が起こらなくても、よほどの大不況がこないかぎり、時間の経過とともにリバランスは自然に進んでいく。いつか需要が供給を上回る時期が来る。それはIEAが予測しているように1年半後なのか、あるいはもう少し後ろ倒しとなり3年後なのか、という問題だ。10年後では決してない。それより早く来る。

その時、石油価格は上昇する。いや、リバランスが視野に入ってくると、価格は上昇を始める。どこまで上昇するかは、神さまだけが知っている。

だが、間違いなく石油価格は上昇する、と、多くの人が考えている。

だから今は1998年から2000年にかけて起こったような業界再編成につながる大型M&Aが実現していないのだ。買い手が望むような価格を売り手が認めないためである。

結論を言おう。

OPECが減産を決めなければ、また、産油国・地帯における地政学上のリスクが暴発しなければ、原油価格は2017年までは大幅には上がらないだろう。だが、2015年以降の国際石油会社IOCによる資本投資削減の影響が、何年後かには増加した需要をまかなうだけの供給量が足りなくなるという形で出てくるため、リバランスが視野に入ってくると、価格は上昇する。

では、どこまで上がるか。

そうなった場合、アメリカのシェールオイルの新規増産の生産コストが当面の「シーリング」になる可能性が高いだろう。シェールオイルは、在来型の石油開発と比べると、価格の上下動に生産量が呼応する価格強度が圧倒的に高いから、在来型よりは早く反応して増産に入る。いくらなら反応して増産に転ずるか、それが新規増産の生産コストであり、当面の「シーリング」になる価格だ。

ここでいうシェールオイルの新規増産の生産コストとは、シェール業界全体の平均生産コストではない。

生産コストは坑井ごとに異なるが、当然、コストの安いものから生産が行われているはずである。今後の需要増に対応して生産を増やしていく場合、後から追加して生産する坑井の生産コストは高くなるものと想定できる。これまでは経済性が合わないと判断されたので生産していなかったはずだからだ。

追加で必要な量が少ない間は、価格が少し上がれば、前に述べたDUC坑井を仕上げることにより対応が可能だろう。だが、追加で必要な量が多くなると、価格がさらに高くならないと対応できないであろう。

では、いくらになれば、需要に見合った新規増産が始まるだろうか。

この価格こそが、シェールオイルの新規増産の生産コストである。

もしOPECが減産に合意したり、産油国地帯における地政学上のリスクが暴発すると、その時点から価格は上昇基調に転ずる。この時期が早ければ早いほど、IOCの資本投資の増額・再開が早まり、在来型新規油田からの供給開始時期が前倒しになるので、一度急に暴騰したあと落ち着き、それからの上昇スピードはゆるやかなものになるだろう。

この場合も、アメリカのシェールオイルの新規増産の生産コストが当面の「シーリング」となると思われる。

ではアメリカのシェールオイルの新規増産の生産コストとはいくらなのだろうか？

浅学菲才の筆者が、ない知恵を絞って言えるのは、次のとおりだ。

技術革新も日進月歩だし、サービス会社との契約条件もその時の「力関係」によって左右されるので確たることはわからないが、そしてまた40ドルでも大丈夫な会社はあるだろうが、まとまった数量を増産できる価格水準は60ドル以上ではなかろうか。

繰り返しになるが、ＤＵＣ坑井からの生産、あるいはスイートスポットからの生産は50ドルでも価格競争力は相当あると思われるが、おしなべていえば、需要増に対応しうる米シェールオイルの新規増産の生産コストは60ドル以上、ということになろう。

ただし、２０１４年末からの価格大暴落によりシェール業界は、大幅な人員削減を行ってきた。シェール業界で失業した多くの石油労働者たちはすでに他の産業に職を得ている。仮にシェール業界が再び増産傾向に入れるようになったとしても、必要な石油労働者確保には時間がかかることも考慮しておく必要があろう。

また、もう一つ忘れてはいけない問題は、アメリカのシェールオイルも無限に増産が可能ではないことだ。

世界全体の需要増が米シェールオイルの増産能力を越える場合は、深海や北極海、あるいはブラジル沖のプレソルトからの生産やアメリカ以外の国でのシェールオイルなどにより供給されることになる。

第四章で紹介した「石油の新経済学」を講演したＢＰの調査部門のトップ、スペンサー・デールの指摘のとおり、アメリカのシェールオイル事業にみられる技術革新が波及し、在来型の石油開発やアメリカ以外の国のシェールオイルの生産コスト削減に寄与したとしても、現状からの価格上昇は免れないであろう。

いつ上がるのか？

その時期はいつか、また、価格上昇はどの程度まで進むのか？

「ＢＰ長期展望」では、２０１４年の世界需要９２００万B/Dが２０３５年には２０００万B/D増の１億１２００万B/Dになるとしている。

一方「ＥＭ長期展望」では、２０１４年の９３００万B/Dから２０４０年までに20％増え、１億１２００万B/Dになる、とみている。

そうすると、アメリカを中心とするシェールオイルの増産余力はどの程度なのか、シェールオイルの増産でまかなえないのはどの程度なのかが鍵となる。

「ＢＰ長期展望」は、２０３５年におけるシェールオイルの生産は、２０１４年より５７０万B/D増えて、約１０００万B/Dになるとみている。

一方「EM長期展望」は、2040年におけるシェールオイルの比率を10％と見ている。つまり、約1120万B／Dと見ているわけだから、690万B／D増えると予測していることになる。

残りの増加分、BPの場合は2035年までの1500万B／D、EMの場合は2040年までの1280万B／Dは、シェールオイル以外から供給されることを想定しているわけだ。

また深海、北極海、プレソルト、あるいはアメリカ以外の国のシェールオイルの開発は、アメリカのシェールオイルが増産できなくなってから始まるわけではないことにも、留意が必要だ。価格が大暴落している現在も、大手国際石油IOCの担当部署では、予算を減額しながらもこうした油田開発プロジェクトの検討作業は進めているはずだ。

たとえばアルゼンチンにおけるシェールオイル事業は、すでに着手しているシェブロンやシェル、あるいは国営のYPFによっても開発作業が進行中だ。

メキシコの深海鉱区の入札も年内には行われると見られている。多くのIOCが応札を検討しているだろう。

ベールに包まれている中国は、何といっても「愚公移山」の国だ。100年先を見据えて、着々と手を打っているはずだ。

石油会社は各社とも、価格予測を公表はしていないが、社内において該当プロジェクトの投資決断を行う場合には、何がしかの「価格予測」を前提としている。そのプロジェクトが立ち上がり、数十年間継続して運営していく際の経済性の根拠となる「価格」だ。もちろん、毎年のように見直しを行い、たえず変更されているものと思われるが、この「価格」こそが、将来の原油価格がどうなりそうかのヒントの塊であろう。

残念ながら、その「ヒントの塊」を垣間見ることはできない。

あとがき

本書の構想は編集者からもたらされた。

次に書きたいテーマについてはすでに編集者に話をしておいた。そのつもりで、調査作業を行うにあたって協力を依頼することになる方への私信を認め、すでに郵送済みだった。

そろそろと関係資料を集め、読み始めていた2016年1月下旬、編集者から電話が入った。「今日の編集会議で岩瀬さんの次のテーマの話をしたら、『それもいいが、今はぜひ原油大暴落について知りたい』ということになったのですが、大急ぎで書けますか?」

正直、迷った。

「請われる」ことは無上の喜びだ。だが「旬もの」を書くことには抵抗がある。出版されるまでに状況が大きく変化したら、誰も興味をもたなくなるからだ。また内容が時代外れでピンボケな、陳腐なものになってしまう可能性も高い。

しかし、そう言えば「価格」の問題についてきちんと勉強をしたことがないことに思い当たった。これを機会に勉強し直せという「天の声」かもしれない。

将来、原油価格がどうなるか、ということについては、確かに「旬もの」だ。勉強した結果導き出される予測が、状況変化によってまったく荒唐無稽なものになってしまうかもしれない。だが、石油産業が始まって以降、原油価格がどのように決められてきたのか、過去の大暴落の歴史はどうだったのか、そもそも価格を決定する要因は何か、あるいは現在の価格はどのような仕組みで決まっているのかなどについては、状況変化があろうとも、有用な情報ではなかろうか。いわば「価格」をキーワードとして、石油産業の歴史と現状を紐解く作業だ。

この難しい問題を、やさしい言葉で説明できれば、読者の皆さんも喜んでくれるかもしれない。

こうして再勉強が始まった。

本書はその結実である。

出来栄えについては、読者の皆さんの評価に委ねるしかない。

だが、書き終えて「ところで、それで？」と問いかけてくるもう一人の自分がいることに気がついた。

何か他に言うことはないのか。

過去を知り、現在の問題の所在を突き詰めたいま、思うことはただ一つである。

今がチャンスだ。

今こそ、石油の国家備蓄を、一朝事があったとしても国民がパニックに陥ることのない水準にまで引き上げるチャンスではないだろうか。

現在の価格水準、40ドル台の価格は、2017年頃までウロウロする可能性が高い。だが、それから確実に上昇基調に転ずる。価格が上がる前に、必要な量の原油を買い集め、海外から油田を一つ移転させるつもりで備蓄すべきタイミングなのではなかろうか。

エネルギー政策とは、電源燃料政策だけではない。もっとも根本的な政策課題は、日本が必要な一次エネルギーを、どのような組み合わせで、どのように長期的に押さえるか、ということだ。気候変動への対応策も織り込んで行う必要がある。

それこそが、最適の「エネルギーミックス」を定める唯一の方策だ。

前二作『石油の「埋蔵量」は誰が決めるのか?』(2014年9月)および『日本軍はなぜ満洲大油田を発見できなかったのか』(2016年1月)でも述べたように、エネルギー政策は「国家百年の計」に立って打ち立てるべきものだ。そのためには、国民一人ひとりがその重要性に気がつかなければならない。

日本は、一次エネルギーを「持たざる者」なのだ。「持たざる者」は持たざるなりに生きていかなければならない。

まずは、明治末期の地理学者・志賀重昂が『知られざる国々』（1926年）で提唱したように「油断国断」なる言葉が国民の常識となるまで啓蒙すべきであろう。

その上で、国民の税金を使い、石油国家備蓄の増強を図るべきであろう。

石油国家備蓄は、日本の石油消費量が減少していることもあり、現在110日分以上となっている。これを、一朝事があるときにでも、国民がパニックに陥らない水準に引き上げるべきだ。その水準がどの程度かについては広範な議論が必要だろうが、筆者は「2年分」とみる。

過去の供給阻害の事例を振り返っても、半年程度で回復に向かっている。何か事が起こり、半年程度一滴の油も輸入できない事態となっても、まだ大丈夫、と国民がパニックに陥らずにすむ水準が「2年分」だと、筆者は判断するが、如何なものであろうか。

なお、原油は長期間備蓄しても品質が著しく劣化することはない。含まれるガス留分が揮発することはあるが、使用可能な品質は維持される。JOGMEC発行のパンフレット『石油の備蓄』（2014年1月）でも「長期間貯蔵しても悪くならない」と記述されている。1978年に始まった原油の国家備蓄は、1997年には現在の約5000万キロリットルの水準に達している。この間、タンクの清掃、保全のために一時的に搬出したり、求められる品質への入れ替え作業等が行われているが、原則的には塩漬けとなっている。

また、現時点では技術的に難しいと言われている天然ガスの備蓄についても、国民の税金から予算を投じ、技術研究・技術革新を推進すべきであろう。

石油と比べると、埋蔵量、生産地の分散化などの点で、天然ガスの供給の方が不安は少ない。だが、産ガス国・地域で供給阻害が起こらなくても、供給ルートが遮断される事態も想定すべきだ。シーレーン問題である。

その対応策としても「国家備蓄」が必要だ。「持たざる者」として、自らの意思と決断により推進すべき課題である。

長期にわたるLNGのタンク備蓄は「ボイルオフガス」の問題があるので技術的に困難だとされている。

「ボイルオフガス」とは、冷却された液化ガスが外部熱により自然に気化することにより発生するガスのことである。「ボイルオフガス」の大量発生は、タンク内の圧力を高めてしまうので放置すると危険である。再液化するか、取り出して燃料として使用する必要がある。

筆者は技術には疎いが、LNGタンカーでは、輸送途上で発生する「ボイルオフガス」を燃料として利用しているそうだ。ここに技術革新のヒントがあるような気がする。

ぜひ英知を集め、予算を投入して研究し、LNGの国家備蓄を実現してもらいたい。

2014年末から始まった今回の原油価格大暴落は、「持たざる者」にとって千載一遇のチャンスではなかろうか。

いや、「千載一遇のチャンス」とすべき天啓ではなかろうか。
読者の皆さん、どう思われますか？

２０１６年５月

岩瀬　昇

参考文献

■第一章

Bloomberg　*How Low Can Oil Go? Goldman Says $20 a Barrel Is a Possibility* Sep 11, 2015

Bloomberg　*Goldman Sachs Sees Oil Bull Market Being Born in Today's Crash* Jan 15, 2016

日本経済新聞「中国の15年ＧＤＰ、６・９％増に鈍化　25年ぶり低い伸び」２０１６年1月19日

BP　*Statistical Review of World Energy* June 2015

Bloomberg　*Why China's Unocal Bid Ran out of Gas* Aug 4, 2005

竹原美佳「ビジネスと国策の『双頭の竜』～中国国有石油企業の国外進出を解剖する～」ＪＯＧＭＥＣ「石油・天然ガスレビュー」２００５年11月号

竹原美佳「中国国有石油企業がアフリカ進出に熱心な事情」ＪＯＧＭＥＣ「石油・天然ガスレビュー」２００６年11月号

三菱東京ＵＦＪ銀行「ＢＴＭＵ中国月報」２０１５年12月

IEA　*Oil Market Report* 11 March 2016

BP　*Energy Outlook 2016 : Outlook to 2035*

Baker Hughes　*US Oil Rig Count*

資源エネルギー庁「平成26年度エネルギーに関する年次報告（エネルギー白書２０１５）」第1部エネルギーを巡る状況と主な対策　1章「シェール革命」と世界のエネルギー事情の変化

OPEC　*Annual Statistical Bulletin 2015*

OPEC　*Monthly Oil Market Report* April 13, 2016

Wall Street Journal　*Russian Oil : Output Grows as Prospects Shrink* Jan 24, 2016
岩瀬昇『石油の「埋蔵量」は誰が決めるのか?』文春新書、２０１４年9月
Financial Times　*Iran set to reveal framework for oil and gas contracts* Nov 28, 2015
Bloomberg　*BP CEO 'Very Bearish' on Oil as Storage Tanks Are Filling Up* Feb 10, 2016
EIA　*What drives crude oil prices?* Feb 9, 2016

■第二章

田中紀夫『原油価格』第一法規、１９８３年5月
ダニエル・ヤーギン『石油の世紀』日本放送出版協会、１９９１年4月
Roger M. Olien & Diana Davids Hinton　*Wildcatters* Texas A&M University Press, 2007
ロン・チャーナウ『タイタン』日経ＢＰ社、２０００年9月
Ida M. Tarbell　*The History of the Standard Oil Company* (Briefer Version) Dover Publications, Inc., 2003
井口東輔『現代日本産業発達史Ⅱ石油』現代日本産業発達史研究会、１９６３年6月
脇村義太郎「中東石油開発の困難性」「東洋経済新報」１９５７年7月20日号
小宮山涼一「最近の原油価格高騰の背景と今後の展望に関する調査　第1章　１９７０年代以降の国際石油市場の需給および市場構造の変化」日本エネルギー経済研究所「ＩＥＥＪ」２００５年10月号
ＪＸエネルギー「石油便覧」ウエブサイト版
ジェフリー・ロビンソン『ヤマニ』ダイヤモンド社、１９８９年1月
Francisco Para　*Oil Politics: A Modern History of Petroleum* I.B. Tauris, 2004
John Browne　*Beyond Petroleum* Phoenix, 2010

EIA *Energy and Financial Markets Overview: Crude Oil Price Formation* May 5, 2011

■第三章

東京商品取引所「平成26年度　石油産業体制等調査研究関連（エネルギー商品先物体制の実態）報告書」２０１５年3月27日

CME Group アジア・リサーチ・チーム　調査・商品開発部「ＷＴＩとブレント取引の基礎」２０１４年２月24日

The Economist *Transcript: Interview with Muhammad bin Salman* Jan 6, 2016

Bassam Fattouh *An Anatomy of the Crude Oil Pricing System* The Oxford Institute for Energy Studies Jan 2011

Oil Market in Transition and the Dubai Crude Oil Benchmark The Oxford Institute for Energy Studies Oct 2014

Financial Times *Jorge Montepeque, architect of oil-pricing system, to leave Platts* May 6, 2015

ICE *Trading and Clearing the Argus Sour Crude Index*（*"ASCI"*）*with ICE Product Guide*

Wall Street Journal *Price-Moving China Oil Trades Fan Concerns* Feb 23, 2016

■第四章

Spencer Dale *New Economics of Oil* Oct 13, 2015

Joseph W. Kutchin *How Mitchell Energy & Development Corp. Got Its Start and How It Grew* Universal Publishers, 2001

スティーブ・コール『石油の帝国』ダイヤモンド社、２０１４年12月

EIA *Technically Recoverable Shale Oil and Shale Gas Resources: An Assessment of 137 Shale Formations in 41 Countries Outside the United States* June 2013

日本経済新聞「『契約実務は発展途上』シェール開発、住商が巨額損失　専門家に聞く」２０１４年10月６日

国際協力銀行ＨＰ「米国でのタイトオイル権益取得・開発に対する融資　日本企業の参画するタイトオイル事業を支援」プレスリリース、２０１２年10月９日

住友商事ＨＰ「米国テキサス州におけるタイトオイル開発プロジェクトへの参画」プレスリリース、２０１２年８月２日

CNN Money *U.S. oil bankruptcies spike 379%* Feb 11, 2016

ＢＢＣニュース日本語版「ＣＯＰ21、パリ協定を採択　温暖化対策で世界合意」２０１５年12月13日

みずほ総合研究所「ＣＯＰ21がパリ協定を採択　地球温暖化抑止に向けた今後の展望」２０１５年12月18日

アル・ゴア『不都合な真実』ランダムハウス講談社、２００７年

■第五章

The Economist *Life after Lee* Dec 20, 2005

ExxonMobil *The Outlook for Energy:* A *View to 2040* Jan 2016

国際連合「世界人口白書」２０１５年版

EIA *Energy in Brief: Who are the major players supplying the world oil market?* Feb 11, 2016

IEA *Oil Market Report* March 11, 2016

Oil & Gas Financial Journal *Recent Chapter 11 Filings* Oct 15, 2015

Financial Times *US bankruptcy judge lets oil company shed pipeline contracts* March 9, 2016
Baker Hughes *North America Rig Count*
Rigzone *DUC, DUC, Production Boost* Dec 14, 2015
EIA *Drilling Productivity Report* Feb 2016
伊原賢「坑井仕上げの進化―シェールガス開発技術のタイトオイル開発への適用―」ＪＯＧＭＥＣ２０１１年１月14日
伊原賢「タイトオイルとは何か」ＪＯＧＭＥＣ２０１３年７月４日
藤井康友「米国シェール事業の理解を深めるためのＱ＆Ａ集」JOGMEC TRC Week 講演２０１５年10月15日
Shale *Newsletter* Jan 2016
伊原賢「米国のシェールオイルの生産見通し」ＪＯＧＭＥＣ２０１５年４月14日

岩瀬　昇（いわせ のぼる）

1948年、埼玉県生まれ。エネルギーアナリスト。浦和高校、東京大学法学部卒業。71年三井物産入社、2002年三井石油開発に出向、10年常務執行役員、12年顧問。三井物産入社以来、香港、台北、2度のロンドン、ニューヨーク、テヘラン、バンコクでの延べ21年間にわたる海外勤務を含め、一貫してエネルギー関連業務に従事。14年6月に三井石油開発退職後は、新興国・エネルギー関連の勉強会「金曜懇話会」代表世話人として、後進の育成、講演・執筆活動を続けている。著書に『石油の「埋蔵量」は誰が決めるのか？』『日本軍はなぜ満洲大油田を発見できなかったのか』（以上文春新書）。岩瀬昇のエネルギーブログ ameblo.jp/nobbypapa/

文春新書

1080

原油暴落《げんゆぼうらく》の謎《なぞ》を解《と》く

2016年（平成28年）6月20日　第1刷発行

著　者　　岩　瀬　　昇
発行者　　飯　窪　成　幸
発行所　株式会社　文　藝　春　秋

〒102-8008　東京都千代田区紀尾井町3-23
電話（03）3265-1211（代表）

印刷所　　理　想　社
付物印刷　大日本印刷
製本所　　大　口　製　本

定価はカバーに表示してあります。
万一、落丁・乱丁の場合は小社製作部宛お送り下さい。
送料小社負担でお取替え致します。

ISBN978-4-16-661080-8